水利工程施工与管理实践探索

孟祥文　孙　婧　杨建柱　著

武汉理工大学出版社

·武　汉·

图书在版编目（CIP）数据

水利工程施工与管理实践探索／孟祥文，孙婧，杨建柱著. -- 武汉：武汉理工大学出版社，2024.3

ISBN 978-7-5629-7020-0

Ⅰ. ①水… Ⅱ. ①孟… ②孙… ③杨… Ⅲ. ①水利工程-工程施工-研究②水利工程管理-研究 Ⅳ. ①TV5②TV6

中国国家版本馆 CIP 数据核字(2024)第 065689 号

项目负责人：王利永　　　　　　　　　　　责任编辑：王　思

责任校对：黄玲玲　　　　　　　　　　　　排　　版：钟晓图

出版发行：武汉理工大学出版社

地　　址：武汉市洪山区珞狮路 122 号

邮　　编：430070

网　　址：http ://www.wutp.com.cn

经　　销：各地新华书店

印　　刷：天津和萱印刷有限公司

开　　本：710 mm×1000 mm　1/16

印　　张：12.25

字　　数：200 千字

版　　次：2024 年 3 月第 1 版

印　　次：2025 年 1 月第 1 次印刷

定　　价：68.00 元

前　言

　　水利工程是用于控制和调配自然界的地表水和地下水，达到除害兴利目的而修建的工程，也称为水工程。水是人类生产和生活必不可少的宝贵资源，但其自然存在的状态并不完全符合人类的需要。只有修建水利工程，才能在一定程度上控制水流，并进行水量的调节和分配，以满足人民生活和生产对水资源的需要。水利工程需要修建坝、堤、溢洪道、水闸、进水口、渠道、渡槽、筏道、鱼道等不同类型的水工建筑物，以实现其目标。

　　本书在编写过程中，参考了近几年国内外的水利工程建设研究的最新成果和有关专著论文，在此表示感谢。

　　由于作者水平有限，加之时间仓促，书中若有疏漏之处，望广大同行和读者及时指正。

孟祥文　孙婧　杨建柱

2023 年 4 月

目　录

第一章　水库的运行与管理

第一节　水库管理概述

一、水库的类型及作用

具有一定容积的人工水域，通常由在山谷、河道或低洼地区修建的水工建筑物构成，被称为水库。水库具备调节水流、积蓄水量、调整上游回水区水位的功能，可以用于防洪、城市供水、灌溉、水力发电、航运、养殖、旅游以及改善环境等方面。水库主要包括三种基本建筑物，分别是挡水构筑物、放水（供水）设施和泄洪设施。

在全球范围内，一些比较有名的水库包括斯里赛勒姆水库和伊泰普水库等。而在中国，一些比较著名的水库有三峡水库、小浪底水库、丹江口水库（是南水北调中线工程的水源地）、千岛湖水库、紫坪铺水库等。

（一）水库的类型

根据水库所能容纳的总水量大小，一般分为大型、中型和小型水库。为了便于与水利水电工程的等级（五等级，主要建筑物分为五级）相对应，大型水库和小型水库又各自分为两级，即大（一）型、大（二）型和小（一）型、小（二）型。

按照水库的不同功能划分，可以分为综合利用水库和单一目标应用水库。当水库具有多种功能时，被称为多目标水库，又被称为综合利用水库。而只具备单一功能或用途的水库被称为单一目标水库。我国的水库通常属于多目标水库。

根据水库对径流的调节能力，水库可以被分为日调节水库、周调节水库、季调节水库（或年调节水库）、多年调节水库。

根据水库在河流上的地理位置和地形特点，水库可以分为平原区水库、丘陵区水库和山谷区水库三种类型。

另外，水库还可以根据其位置分为地上水库和地下水库，尽管地下水库在实际应用中相对较少。

（二）水库的作用

水库是中国用以防洪的一种广泛采用的工程方法。它们通常在上游河道的适当位置兴建，用来调蓄洪水。水库的库容可以拦蓄洪水，实现水库对洪水的滞洪和蓄洪调节，从而在洪水季节有效地控制或预防洪水灾害的发生。

中国的河流水资源分布受气候的影响相对不均匀，存在时空分布不均衡的问题。通过水库的建设，可以在一定程度上进行径流调节和蓄洪，使天然来水能够在时间和空间上更好地满足不同领域的用水需求。这不仅提高了水资源的利用率和效率，而且更好地满足了防洪、供水、航运、旅游等方面的需求，充分发挥了水资源的效益作用。

二、水库与库区环境的关系

水库在为国民经济的各个方面带来多方面综合效益的同时，也会对周围环境产生一系列影响，包括淹没、浸没、库区坍岸、气候和生态环境的变化等。

作为人工湖泊，水库需要一定的空间来储存水量和滞蓄洪水。因此，它可能导致大片土地、设施和自然资源被淹没，如农田、城镇、工厂、矿山、森林、建筑物、交通和通信线路、文物古迹、风景旅游区和自然保护区等。水库建成并蓄水后，周围地区的地下水位可能会上升，特定的地质条件下，这可能导致这些地区被浸没，引发土地沼泽化、农田盐碱化，同时可能引起建筑物地基沉陷、房屋倒塌、水质恶化等一系列问题。

当水库建在河道上后，进入水库的河水流速会减小，导致水库内的泥沙逐渐淤积，占据了一部分库容，对水库的效益产生一定的负面影响，并缩短了水库的寿命。

水库释放的相对清澈的水流会减少下游水中的悬浮泥沙含量，威胁下游的堤防、码头和护岸工程的安全，同时引起河道水位下降，对下游的引水和灌溉产生一定的不利影响。

随着水库蓄水，水库两侧的库岸在水的浸泡下岩土的物理力学性质发生变化，抗剪强度减小，或者受到风浪的冲击和侵蚀，库岸可能失去稳定性，发生坍塌、滑坡和库岸再塑的情况。

建成水库后，尤其是大型水库，形成人工湖泊，增大了水面积，这也会对库区的气温、湿度、降雨、风速和风向产生影响。

水库建设并蓄水后，原有的自然生态平衡会受到破坏，水温上升，对一些水生物和鱼类的生存可能有益，但同时也会切断洄游鱼类的通道，对它们的繁殖造成不利影响。

水库为人们提供了高质量的生活用水和宜人的居住环境，但水库的浅水区域容易生长杂草，这些地方可能成为疟蚊的滋生地。周围的沼泽地也为血吸虫的中间宿主——钉螺的繁殖提供了有利条件。

此外，水库建设后，在一定的地质条件下，由于水库中水体的影响，可能诱发地震。

三、水库库区管理存在的主要问题

我国拥有大量水库，覆盖了广泛的地区。然而，水库管理存在一些突出问题，其中包括管理人员缺乏责任感、管理体系混乱及权责不明晰等。这些问题的存在将在一定程度上限制水库的功能发挥，影响其在防洪和蓄洪方面的效果。

（一）水库监管设备不完备，缺乏有效监管

水库的安全性需要依赖专业部门的监管和维护。然而，我国许多水库设施的更新与现代设备的发展和应用步伐不相匹配，特别是在防洪预警设施方面，缺乏必要的监管和更新。一些中小型水库在建设过程中存在"虎头蛇尾"的情况，后期配套设施的建设不够完善，给监控管理留下了隐患。

（二）水库环境受到严重破坏，法律体系不健全

水库周边通常分散着一些村落或人口居住区，这导致了多个方面的问题。首先，部分人对水库周边土地进行过度耕种或放牧，导致了水库环境被污染和破坏。其次，城区和道路的分布使得污水和垃圾的排放量大幅增加，加重了水库库区的环境污染。此外，水库管理单位和政府相关部门对于水库库区环境监管方面的权责划分不清晰，在一定程度上导致了经营和承包状况的混乱。同时，水库管理方面的法律和规定严重缺失，或者缺乏实际可借鉴的意义，这使得水库管理问题显得十分突出，亟待改善。

（三）管理人员的综合素质偏低

水库库区的管理工作通常是重复性的、单调的，加上自然环境的封闭和恶劣，使得工作环境相对简陋，生活乐趣不足。这导致了水库管理人员的数量和技术水平严重不足，缺乏专业的水利技术人才。整体表现为技术水平较低，队伍管理不够规范，管理人员的文化素质也较低，对于工作的业务熟练程度不高，难以掌握全新的技术和方法，无法满足现代水库管理的要求。

（四）水库管理体系不完善及冗余

由于水库所涉及的区域较广，因此在管理权责方面很难实现精确划分。在实际管理中，经常会出现一个水库由多个部门共同管理的情况，甚至发生水库无人管理的情况。前一种情况容易导致管理过程中涉及多部门共同介入，易发生权责混乱和重复现象，一旦发生管理问题，往往难以追责。后一种情况直接导致水库管理的缺失，情况更为严重。此外，政府管理部门和水库管理企业之间的管理权责问题也存在着界限不明确的情况，经常会引发利益纠纷或责任不明的情况，降低了水库库区的管理效率。

四、水库管理的任务与工作内容

水库管理是指以法律法规为依据，本着"预防为主、防重于修、修重于抢、防修并重"的原则，利用行政技术方法、经济措施等，合理组织水库的运行、维

护、维修和经营，以保证水库安全和充分发挥效益的工作。

（一）水库管理的主要任务

水库管理的主要任务涵盖了多个方面：①确保水库的安全运行，预防溃坝事故；②充分发挥规划设计中规定的防洪、灌溉、供水、发电、航运，以及改善环境、促进水产发展等各种效益；③对工程进行定期维修养护，防止和延缓工程老化、库区淤积、自然和人为破坏，以延长水库的使用年限；④持续提升管理水平。

（二）水库管理的工作内容

水库管理工作可分为控制运用、工程设施管理和经营管理等方面。

1. 水库控制运用

水库控制运用又被称为水库调度，是通过合理运用水库工程，来调整江河自然径流的分布和水位的高低，以满足防汛抗旱、适应生活、生产和环境改善的需要，并实现水资源的综合利用，以达到除害兴利的目的。这是水库管理的主要工作内容。具体内容包括：①监控各种建筑物和设备的技术状况，了解水库的实际蓄水和供水能力；②搜集水文气象数据、预报信息，以及来自防汛部门和各用户的需求；③制订水库调度计划，明确调度原则和方式，绘制水库调度图；④起草防汛应急预案；⑤编制和批准水库年度调度计划，确定分期运用和供水指标，作为年度水库调控的依据；⑥制订每个时段（月、旬或周）的调度计划，发布和执行水库实时调度指令；⑦在改变泄流前，通知相关单位并发出警报；⑧随时了解调度过程中的问题和用水户的反馈意见，以便调整调度工作；⑨整理、分析与调度相关的原始数据，为优化当前方案和未来规划提供依据。

2. 工程设施管理

水库工程设施包括水文站网、水库大坝监测监控设施、交通通信设施、水质监测设施、防汛抢险设施、生产生活设施等。工程设施管理包括：①建立检查观测制度，进行定期或不定期的工程检查和原型观测，并及时整理和分析数据，以掌握工程设施的工作状态；②建立养护维修制度，进行日常维护和修理工作；

③按照年度计划进行工程的例行维护、重大维修和设备更新改造；④在出现险情时，迅速组织抢险工作；⑤根据政策和法律法规，保护工程设施和所辖水域，以防止人为破坏工程设施和减损水库的蓄水和泄流能力；⑥进行水质监测，预防和控制水质污染；⑦建立水库技术档案；⑧制订防洪预报和预警计划。

3. 水库的经营管理

水库的经营管理涵盖多个方面，包括水库的规划、维护、安全、环境保护和水资源管理。以下是水库经营管理的一些关键方面。

① 规划和设计：水库的规划和设计是水库经营管理的关键步骤。这包括确定水库的用途（如供水、灌溉、发电、防洪等）、确定水库的容量、结构和位置，以及制定详细的工程设计和建设计划。

② 维护和运营：水库的维护和运营包括定期检查和维修水库结构，确保泄洪设备和闸门的正常运行，以及管理水库水位和水质。这也包括监测降水情况，以及确保水库供水、发电和其他用途的正常运行。

③ 安全管理：水库的安全是至关重要的。水库管理者需要确保水库结构的安全性，定期检查并维护，制订紧急应对计划以应对洪水或其他灾害事件，同时确保附近社区的安全。

④ 环境保护：水库经营管理应该注重环境保护。这包括监测和维护水库周围的生态系统，确保水库的运营不对周围的自然环境造成一定的负面影响。管理者也需要处理废水排放和水库周围土地的土壤侵蚀问题。

⑤ 水资源管理：水库也涉及水资源管理。管理者需要监测水库水位，预测降水和水库入流，以便有效地管理和分配水资源，确保满足各种用途的需求，如供水、灌溉和发电。

⑥ 法规合规：水库的经营管理需要遵守相关法规和政府规定，包括土地使用法、环境法、水资源法等。管理者需要确保水库的运营符合法律法规，并取得必要的许可和批准。

⑦ 社区参与和公众信息透明：与水库周围社区和利益相关者建立有效的沟通和合作关系非常重要。管理者应该与当地社区合作，了解他们的需求和担忧，同

时提供水库的信息，使公众能够了解水库的运营情况和潜在风险。

⑧ 紧急应对和应急计划：水库管理团队应制订紧急应对和应急计划，以处理突发事件，如洪水、地震或泄洪设备故障。这些计划应该在必要时能够快速有效地实施。

第二节　水库库区的防护

水库库区的防护，主要采用工程措施，旨在消除或减轻水库蓄水所导致的库区淹没、岸坡坍塌、人为破坏等潜在风险。这些工程措施也被称为水库库区的防护工程。通常采用的库区防护措施包括修建防护堤、防洪墙、抽排水站、排水沟渠、减压沟井、防浪墙堤、副坝、护岸、护坡加固等工程设施，以及针对库岸水环境的保护，包括水体水质保护和水土流失治理等措施。本节将讨论与水库运用管理相关的工程措施以及水库水环境保护等问题。

一、工程措施

(一) 防护工程的主要措施

① 建设防护堤或防洪墙。

② 控制地表和土壤中的水，管理地下水位。

③ 实施挖高填低的工程。

④ 加强岸边坡的改善和巩固。

⑤ 使用其他相关工程措施。

(二) 常见的防护工程

常见的防护工程主要用于保护现有的实物对象，如房屋、居民点、土地、交通线路、小工厂企业、文物以及其他有价值的国民经济对象等。这些工程不仅包括建设防护堤，而且需要采取防浸和排涝措施，是水库区防护工程中应用最广泛的一种类型。

（三）防汛排涝措施

通常与堤坝或防护墙结合使用，包括在堤坝后方建设渠道，通过泵站或排水闸将水排出。渠道还可以用于下游灌溉和养鱼。为了控制地下水位和改善作物生长条件，采取挖高填低、截流排水、建设必要的泵站等措施非常重要。

（四）防止水库漏水

在防护区内，必须防止水库漏水，以避免对外部环境造成恶化。这通常通过检查防护区的土壤和其他部位，以排除可能导致漏水的问题。此外，还要关注库岸的低凹口和水下漏洞，以防止水渗透到水库外部，并采取相应的隐患排除措施。

总之，防护工程包括多种设施和措施，必须根据其用途和问题的严重程度进行全面和科学的考虑。在选择和建设水库区和其他水利防护工程设施时，必须进行充分的调查和研究工作，以确保适应当地条件。此外，建成后的防护工程需要有效的管理，必须建立管理计划和细节，以确保工程能够发挥其预期的效益，达到防护的目标。

二、水库的水环境保护

（一）对水库水环境保护的认识

水库环境保护是现代经济社会为水库管理工作赋予的一项全新任务，是现代水库管理的基本要求，也是确保工程效益的基础保障，同时在水利工程管理中扮演着不可忽视的关键角色。

水库水资源指的是水库中蓄存的能够满足水库兴利目标的所有水资源，即满足设计用途所需的水。水库水资源的兴利能力不仅受水库建设任务和规模、河川径流在时间和空间上的变化影响，还受水质状况的影响。然而，水库水资源却面临着来自库区工农业生产和旅游等产业带来的污染威胁以及水土流失引发的淤积问题，而且这些威胁正在逐渐加剧。如果这类危害持续扩大，水库将陷入功能丧失的危机。因此，为了保障水库的安全，水库管理者需要超越狭隘的管理范围，积极参与库岸管理，强化防治污染和水土保持工作，有效管理库岸的水环境。

水库水环境的管理具有一定的广泛性、综合性和复杂性，需要运用行政、法律、经济、教育和科学技术等多种手段对水环境进行强化管理。

（二）水库污染防治

1. 水库污染及其种类

水体污染是指水中受到外界物质介入导致化学、物理、生物或放射性等特性发生变化，从而在一定程度上影响水的有效利用，威胁人体健康或破坏生态环境，导致水质恶化。

水体污染通常包括以下 6 种类型：

① 有机污染，也称需氧性污染，主要源自城市污水、食品工业以及造纸工业等排放含有大量有机物的废水。

② 无机污染，又称酸碱盐污染，主要来自矿厂、黏胶纤维、钢铁厂、染料工业、造纸、炼油、制革等废水。

③ 有毒物质污染，包括重金属污染和有机毒物污染。

④ 病原微生物污染，主要源自生活污水、畜禽饲养、医院以及屠宰肉类加工等污水。

⑤ 富营养化污染，源自生活污水，一些工业、食品业排出的含氮、磷等营养物质，以及农业生产过程中大量使用的氮肥、磷肥，随雨水流入河流、湖泊。

⑥ 其他水体污染，主要涉及水体油污染、水体热污染以及放射性污染等。

水体是否受到污染、出现何种污染以及污染程度，均可通过相应的污染分析指标来判断和衡量。正常的水污染分析指标包括臭味、浑浊度、水温、电导率、溶解性固体、悬浮性固体、总氧、总有机碳、溶解氧及生化需氧量等。这些指标是在管理中进行检查分析工作的重要依据。

2. 水库污染危害的防治

水库水体受到污染会带来一定危害，包括对人体健康和农业的威胁。

针对水库水环境污染，应综合运用工程措施和非工程措施进行防治。

　　工程措施包括以下三个方面：一是流域污染源治理工程，主要对工业废水、城镇生活污水、乡村畜禽粪便等进行处理；二是流域水环境整治与水质净化工程，主要涉及河道淤泥和垃圾的清理，上游河道生态修复以及利用生物手段净化水质；三是流域水土保持与生态建设工程，主要包括对废弃矿区和采石场等进行修复处理，采用退耕还林等措施恢复植被，提高水源涵养能力。

　　非工程措施包括：通过让各种有害物质以及可能导致水环境恶化的行为远离水库区域。根据我国水库现状，可采取以下措施：①法律手段，依据国家有关水环境法律法规，制定水库区域环境管理条例，通过法律强制措施来制止水库区域的不法行为；②经济手段，通过奖惩措施对积极采取防治水库区域污染措施的企业予以奖励，对污染严重的企业予以惩罚；③宣传教育手段，采取多种形式在水库区域进行宣传教育，提高水库区域居民的防治意识，并发挥社会公众的监督作用；④科技手段，运用科学技术知识，加强水库区域农业生产的指导工作，改善产业结构，减少和避免对环境有害的生产方式。科学制定水资源检测和评价标准，推广先进的生产技术和管理技术，制定综合防治规划，使环境建设和防治工作持久不懈。

（三）水库水土保持

1. 水土保持及其作用

　　水库水土保持是一种综合生态环境建设工程，旨在防止水土流失、保护、改善和合理利用土壤与水资源。它在水库水资源生态环境上具有多方面和显著的作用和影响，包括以下 5 个方面。

　　①增加蓄水能力：水库水土保持工程可以增加水库的蓄水能力，从而提高了降水资源的有效利用率。

　　②削减洪水：这种工程可以减少洪水的发生和规模，同时增加枯水期的流量，提高了河川水资源的有效利用率。

　　③控制土壤侵蚀：水土保持工程有助于减少水力侵蚀、重力侵蚀和风力侵蚀，减少河流中的泥沙含量。

④ 改善水环境：通过减少土壤和泥沙的流入水体，水土保持有助于提高水体的质量，减少水资源的污染。

⑤ 促进区域社会经济可持续发展：水土保持工程不仅有益于水资源的可持续利用，而且有助于维护生态平衡和减少自然灾害，从而在一定程度上促进了区域社会经济的可持续发展。

2. 水土保持的措施

水土流失有不同的原因，包括水力侵蚀、重力侵蚀和风力侵蚀。为应对这些问题，可以采取以下措施。

① 水力侵蚀措施：这包括修筑梯田、生态护坡等坡面工程，以改变小地形，蓄水保土，建设旱涝保收、稳定高产的基本农田。

② 重力侵蚀措施：应采取合理配置蓄水、引水和提水工程，以减少因地下水渗透力或雨后土壤饱和引起的抗剪强度减小，从而减少地质灾害如崩塌、滑坡、泄流等。

③ 风力侵蚀措施：通过植被的保护，可以减少风力侵蚀的影响，包括造林、种草，以增加地面植被的覆盖。

④ 农业措施：采取合理的耕作措施，如梯田、耕作方式，在提高农业产量的同时保护土壤免受暴雨侵蚀和冲刷的影响。

这些措施有助于减少水土流失，维护水资源的可持续利用，保护生态环境，并促进社会经济的可持续发展。

第三节　水库库岸失稳的防治措施

水库蓄水后，由于库区水位太高或发生波动，常常给库岸带来一系列的问题，如库岸淹没、浸没、库岸坍塌等。因此，在水库运行管理中应经常对库岸进行监控检查，及时发现问题并进行治理，采取有效的防护措施减少和避免危害的发生。水库蓄水后，库岸在自重和水的作用下常常会发生失稳，形成崩塌或滑坡。影响库岸稳定的因素有很多，如库岸的坡度和高度，库岸线的形状，库岸的地质构造，水流的淘刷，水的浸湿和渗透作用，水位的变化，风浪作用，冻融作用，浮冰的撞击，地震作用以及人为的开挖、爆破等作用，均会造成库岸的失稳。本节就水库运用管理中通常涉及的库岸失稳的防治问题进行讨论。

一、岩质库岸失稳的防治

岩质库岸的失稳形态一般有崩塌、滑坡和蠕动三种类型。崩塌是指岸坡下部的外层岩体因其结构遭受破坏后脱落，使库岸的上部岩体失去支撑，在重力或其他因素作用下而坠落的现象。滑坡是指库岸岩体在重力或其他力的作用下，沿一个或一组软弱面或软弱带作整体滑动的现象。蠕动现象可分为两种：是对于脆性岩层是指在重力或卸荷力的作用下沿已有的滑动面或绕某一点做长期而缓慢的滑动或转动；是对于塑性岩层（如夹层）是指岩层或岩块在荷载作用下沿滑动面或层面做长期而缓慢的塑性变形或流动。

最常见的岸坡失稳形态是滑坡，防治滑坡的方法有削坡、防漏排水、支护、采用抗滑桩和锚固等措施。

（一）削坡

当滑坡体范围较小时，可以移除不稳定的岩体；对于范围较大的滑坡体，可挖除其顶部，并将开挖的材料堆放在滑坡体下部和坡脚处，以提高稳定性。

（二）防漏排水

在岸坡整治中，防漏排水是一项有效的措施。具体做法包括设置水平和垂直排水管网，挖掘排水沟以拦截地表水和地下水进入滑坡体，以及进行表面勾缝、水泥喷浆或草皮种植，以阻止地表水渗入滑坡体内部。

（三）支护

支护措施包括挡墙支护和支撑支护。对于松散土层或裂隙发育的岩层，可修建浆砌石、混凝土或钢筋混凝土挡墙进行支护；对于整体性较好的不稳定岩层，可采用钢筋混凝土框架进行支护。

（四）抗滑桩

当滑动体具有明确的滑动面时，可以沿滑动方向开挖孔洞并设置钢管，灌注混凝土或普通钢筋混凝土，形成一排抗滑桩，以增强滑动面的抗剪强度，从而在一定程度上提高稳定性。

（五）锚固措施

利用钻机穿过滑坡体岩层，到达下部稳定岩体一定深度，然后在孔中埋设预应力钢索或锚杆，以加强滑坡体的稳定性。在很多情况下，滑坡的防治需要同时采取上述多种措施，进行综合整治。

二、非岩质库岸失稳的防治

对于防治非岩质库岸破坏和失稳，可采取多种措施，如护坡、护脚、护岸墙和防浪墙等。如果岸坡受主流顶冲淘刷导致塌岸，通常采用抛石护岸；水下部分冲刷较强，可使用石笼或柳石枕护脚；而风浪淘刷引起的塌岸，可采用干砌石、浆砌石、混凝土、水泥等材料进行护坡。对于高库岸上部受风浪冲刷、下部受主流顶冲的情况，可以采用阶梯式防护结构，上部护坡，下部抛石、石笼固脚。水库水位变化大、风浪冲刷强烈的库岸，可采用护岸墙。陡峭库岸在水浸湿和风浪作用下容易塌岸，可采用削坡的方式进行防护，高库岸也可采取上部削坡、下部回填再护坡的方法。

抛石护岸有一定抗冲能力，适应地基变形，适用于有石料来源和运输的情况。石料一般宜选择坚硬、粒径不小于 $20\sim40cm$、质量在 $30\sim120kg$ 的石块。抛石的厚度约为石块粒径的 4 倍，一般为 $0.8\sim1.2m$。抛石护坡表面的坡度，在水流顶冲不严重的情况下一般浓度不大于 $1:1.5$；水流顶冲严重的情况下浓度一般不大于 $1:0.8$。

干砌块石护岸是一种常见的护岸形式，顶部应高于水库最高水位，底部应深入水库最低水位以下，以保护护岸不受主流顶冲。干砌块石的厚度一般为 $0.3\sim0.6m$，底部铺设 $15\sim20cm$ 的碎砾石垫层。

石笼石护岸采用铅丝、竹篾、荆条等材料编制成网状的六面体或圆柱体，内填块石、卵石，叠放或抛投在防护地段，形成护岸。石笼的直径为 0.6～1.0m，长度为 3.0～3.5m，体积为 1.0～2.0m³。石笼护岸的优点是可以利用较小的石块，抛入水中后位移较小，抗冲刷能力强，具有一定柔性，适应地基的变形。

护岸墙适用于岸坡较陡、风浪冲击和水流淘刷强烈的地段。护岸墙可采用干砌石墙、浆砌石墙、混凝土墙和钢筋混凝土墙。护岸墙底部应伸入基土内，墙前可用砌石或堆石做成护脚，以防墙基淘刷。在必要的情况下，可在墙底设置桩承台，以保证护岸墙的稳定。

防护林护岸是在选择宽滩地段植树造林，形成防护林带，以抵御水库高水位时的风浪冲刷。

第四节　水库泥沙淤积的防治措施

一、水库泥沙淤积的成因及危害

（一）水库泥沙淤积的成因

河流中带有泥沙，按其在水中的运动方式，通常分为悬移质泥沙、推移质泥沙和河床质泥沙。这些泥沙随着河床水流条件的变化，可能随水流运动或沉积于河床。

在河流上修建水库后，泥沙随水流进入水库。由于水流的变化，泥沙在水库内沉积，形成水库淤积。水库淤积的速度受到多种因素的影响，包括河流中的泥沙含量、水库的运用方式和水库的形态等。

（二）水库泥沙淤积的危害

水库的泥沙淤积不仅会对水库的综合效益产生影响，还会对水库上下游地区造成严重后果。这些影响包括以下 5 点。

① 由于水库淤泥，库容减小，水库的调节能力也会相应减小，从而减弱了

防洪能力。

② 增加了水库的淹没和浸没风险。

③ 有效库容减小，降低了水库的综合效益。

④ 泥沙在库内淤积，导致下泄水流中的含沙量减少，引起下游河床冲刷。

⑤ 上游水流携带的有害成分如重金属淤积于库中，导致水质恶化。

都江堰水利工程是一个典型例子。在修建紫坪铺水库之前，整个内江、外江都存在较多泥沙淤积，因此需要定期或不定期进行清淤工作。然而，水库修建后，河床发生淘刷，管理部门不得不在适当位置修建低堰来防止堰上游河段的冲刷。

二、水库泥沙淤积与冲刷

(一) 淤积类型

水流进入库内，可表现为两种不同的流态：一是壅水流态，即入库水流流速由回水端到坝前沿程减小；二是均匀流态，即挡水坝不起壅水作用时，库区内的水面线与天然河道相同时的流态。均匀流态下水流的输沙状态与天然河道相同，被称为均匀明流输沙流态。均匀明流输沙流态下发生的沿程淤积被称为沿程淤积；在壅水明流输沙下发生的沿程淤积被称为壅水淤积。含沙量大、颗粒较细的水流进入壅水段后，潜入清水下面沿库底继续向前运动的水流称为异重流，此时发生的沿程淤积称为异重流淤积。当异重流行至坝前而不能排出库外时，浑水将滞蓄在坝前的清水下形成浑水水库。在壅水明流输沙流态中，如果水库的下泄流量小于来水量，则水库将继续壅水，流速继续减小，逐渐接近静水状态，此时未排除库外的浑水在坝前滞蓄，也将形成浑水水库。在深水水库中，泥沙的淤积称为深水水库淤积。

(二) 水库中泥沙淤积形态

泥沙在水库中的淤积呈现出不同的形态。纵向淤积有三种：三角洲淤积、带状淤积和锥体淤积。

1. 三角洲淤积

泥沙淤积体的纵剖面呈三角形的形态，被称为三角洲淤积。一般从回水末端至坝前呈三角状，多发生于水位较稳定、长期处于高水位运行的水库中。按淤积特征分为四个区段：尾水部段、顶坡段、前坡段、坝前淤积段。

2. 带状淤积

带状淤积的淤积物均匀地分布在库区回水段上。多发生于水库水位呈周期性变化、变幅较大，水库来沙不多，颗粒较细，水流流速较高的情况下。

3. 锥体淤积

锥体淤积是在坝前形成淤积面接近水平，呈一条直线，形似锥体的淤积，多发生于水库水位不高、壅水段较短、底坡较大、水流流速较高的情况下。影响淤积形态的因素有水库的运行方式、库区的地形条件和干支流入库的水沙情况等。

（三）水库的冲刷类型

水库的冲刷可以分为三种类型：溯源冲刷、沿程冲刷和壅水冲刷。

1. 溯源冲刷

溯源冲刷是指当水库水位下降到三角洲顶点以下时，水面的降幅较大，导致水流加速，挟带更多的沙土，从三角洲顶点开始向下游逐渐发生的冲刷现象。

溯源冲刷包括三种不同形态：辐射状冲刷、层状冲刷和跌落冲刷。辐射状冲刷发生在水库水位在短时间内迅速下降后保持稳定的情况下。层状冲刷则发生在水库水位下降的过程中持续较长时间。跌落状冲刷出现在淤积物为较密实的黏性涂层的情况下。

2. 沿程冲刷

沿程冲刷是指在水库水位不变的情况下，由于来水来沙条件的改变而引起的河床冲刷。

沿程冲刷通常由上游向下游逐渐发展，其冲刷强度相对较低。它是因为水库的来水和沙土量较大，而原有的河床形态与水流挟带能力不匹配而导致的冲刷。

3. 壅水冲刷

壅水冲刷是指在水库水位较高的情况下，通过底孔闸门排水时，底孔周围积聚的泥沙随着水流一起被排出底孔，最终在底孔前形成一个稳定的冲刷漏斗。壅水冲刷发生在底孔前，其程度取决于淤积物的特性和状态。

三、水库淤积防治的措施

水库淤积的主要原因是水库水域发生水土流失，导致水流携带泥沙进入水库。因此，解决淤积问题的根本措施是改善水库水域环境，强化水土保持。除此之外，合理的水库运行调度也是减轻和消除淤积的有效途径之一。

（一）减淤排沙的方式

减淤排沙有两种主要方式：一是通过水库水流流速来实现排沙，二是借助辅助手段清除已形成的淤积。

1. 异重流排沙

当水库水位、流速、含沙量符合一定条件时，多沙河流上的水库会形成含沙量集中的异重流。在这种情况下，及时开启底孔等泄水设备可以有效地排除泥沙。

泄洪排沙：在汛期遭遇洪水时，通过及时增大洪流量，尽量减少洪水在库区内的滞留时间，可以减缓淤积的发生。

2. 辅助清淤措施

对于淤积严重的中小型水库，一种方式是可以采用机械设备进行清淤，通过排沙泵吸取库底淤积物，并通过浮管排出库外。另一种方式是使用虹吸管，在泄洪时吸取库底淤积泥沙并排到下游。在一些小型多沙水库中，也可以通过工程设施，如高渠拉沙方式，设置引水渠在水库周边高地，利用引渠水流对库周滩地进行强烈冲刷和滑塌，将泥沙沿主槽水流排出水库，以恢复原有损失的滩地库容。

（二）水沙调度方式

上述的减淤排沙措施应与水库的合理调度配合运用。在多泥沙河道的水库上将防洪兴利调度与排沙措施结合运用，就是水沙调度，包括以下 3 种方式。

1. 蓄水拦洪集中排沙

蓄水拦洪集中排沙是指水库根据防洪和多种效益的要求，首先进行阶段性的蓄水，其次在适当时机进行水库放水排空，最后采用结合溯源冲刷和沿程冲刷的方式清理积存多年的淤泥，以恢复原有的防洪和多项效益的库容。在蓄水期间，也可利用异重流进行泥沙排除。这种方式适用于河床比降大、滩地库容所占比重小、调节性能良好、对综合利用有高要求的水库。

2. 蓄清排浑

蓄清排浑，也称为泥沙的年度调控方式，即在洪水季节（泥沙较多的时期）降低水库水位，以促进泥沙排出，而在洪水季节之后（低泥沙季节）蓄水以便实现综合利用。通过充分利用每年的洪水季节，采用结合溯源冲刷和沿程冲刷的方式，清除水库内的多年淤积，从而实现每年原有的防洪和综合利用库容。

3. 泄洪排沙

泄洪排沙，即在汛期开启水库泄洪，汛后根据有利的排沙水位确定正常蓄水位，并按照自然流量进行供水。这种方式可以防止水库大量淤积，实现短期内的冲淤平衡，但整体效益受到一定限制。

一般来说，以防洪季节为主的水库，水库的主要任务与排沙并无矛盾，因此可以采用泄洪排沙或蓄清排浑的方式。对于来沙量较小的以发电为主的水库，则可以采用拦洪蓄水和蓄清排浑交替使用的方式。

四、水库的泄洪排沙

（一）泄洪排沙泄量的选择

排沙泄量的大小对滞洪排沙效果有很大影响，排沙泄量过大，泄洪时间短，对于下游行洪放淤不利；排沙泄量过小，则滞洪时间过长，将会造成水库大量淤积。根据一些水库实测资料的分析，排沙、泄量与峰前水量存在下列关系：

$$Q_{sw} = W_w \left(\eta_{s0}/4\ 000 \right)^{1/0.37} \tag{1-1}$$

式中 η_{s0}——排沙率；

W_w——人库洪水的峰前水量，m^3。

S_w——第一天平均排沙量，m^3/s。

式（1-1）适用于单峰型洪水，涨峰历时不超过 12h 的情况。

对于峰高、量大的洪水，若滞洪历时过长，则漫滩淤积量就大，排沙率就低，根据一些中小型水库实测资料的分析，排沙效率 η_{s0} 与滞洪历时 t 之间存在下列关系：

$$\eta_{s0} = 258t^{-1/3} \tag{1-2}$$

（二）泄洪排沙期淤积量计算

滞洪排沙期间的淤积量为：

$$\Delta W_s = W_s - W_{s0} \tag{1-3}$$

$$W_{s0} = \eta W_s$$

$$\eta = \eta_w^{1.5}$$

式中 W_s——一次洪水的入库沙量，m^3。

W_{s0}——该次洪水的排沙量，m^3。

η——排沙比，等于库沙量与入库沙量之比。

η_w——排水比，即出库水量与入库水量 W_w 之比，%。

五、水库的异重流排沙

（一）异重流排沙的形成条件

当 $L \geqslant Q_s J_0$ 时，异重流中途消失；当 $L < Q_s J_0$ 时，形成异重流排沙。其中，L 为水库回水长度，单位是 km；Q_s 为洪峰的平均输沙率，单位是 kg/s；J_0 为库底比降，单位是‰。

（二）异重流排沙计算

异重流的淤积和排沙计算有两种方法：一是挟沙能力计算法；二是经验统计法。在这里，我们将重点介绍经验统计法。

经验统计法是水库运行管理中使用的一种方法，它依赖实测数据，建立了异重流传播时间、异重流排沙泄量和异重流沙比之间的经验关系式，用以估算水库的异重流排沙情况。这种方法相对简便和迅速，因此在中小型水库管理中得到广泛应用。

1. 异重流的传播时间

异重流的传播时间是指异重流从进入某一横截面到达坝前所需的时间。能否准确把握这一时间关系，以及是否充分发挥异重流的排沙效果，这是水库管理中的一个关键问题。如果在异重流到达坝前时能够及时开闸泄水，就可以将异重流携带的大部分泥沙排出水库。然而，如果开闸时间过晚，异重流到达坝前时受阻，泥沙可能在水库内积聚。相反，如果开闸时间过早，将导致水库内储存的清水提前泄出，造成资源浪费。

异重流传播时间与洪峰流量和水库前期蓄水量的关系为：

$$T_0 = 3.2 \ (W_0^{1/2}/Q)^{0.48} \tag{1-4}$$

式中 T_0——从洪峰通过入库水文站到异重流运行至坝前的历时，h。

　　　W_0——水库前期蓄水量，万 m^3。

　　　Q——洪峰流量，m^3/s。

2. 异重流的排沙泄量

异重流排沙泄量的选择，直接影响到水库的排沙效果。据有关工程实测资料分析，异重流排沙泄量与入库洪水的峰前水量、水库的前期蓄水量和排沙比存在下列关系：

$$q_0 \leqslant W_1 \ (\eta e^{0.006W_0}/4\ 000)^{2.7} \tag{1-5}$$

式中 q_0——异重流第一日的平均排沙量，m^3/s。

　　　W_1——入库洪水的峰前水量，万 m^3。

　　　W_0——水库的前期蓄水量，万 m^3。

　　　η——排沙比，即水库排出的总沙量（m^3）与入库总沙量（m^3）之比的百分率，%。

据有关资料分析，异重流的平均排沙比与河底比降的关系为：

$$\eta = 6.4/J^{0.64} \tag{1-6}$$

式中　η——平均排沙比。

　　J——原河底比降。

第五节　水库的控制运用

一、水库控制运用的重要性

水库的功能在于管理和利用水资源，但由于水库功能的多样性和未来水流情况的不确定性，水库管理存在一系列矛盾。总结起来，主要包括以下四个方面：一是在洪水季节中储水和泄水之间的矛盾；二是在洪水季节中发电和洪水防御之间的矛盾；三是在工业、农业和居民用水之间的资源分配矛盾；四是在水资源分配和使用中涉及用水单位和地区之间的不平衡和水资源争端问题。为了解决这些问题，需要加强对水库的管理和合理的水库调度。只有这样，才能在有限的水库资源条件下，更好地满足各种需求，实现更大的综合利益。如果将水文预测与水库调度相结合，实现水库的预测性调度，将能够获得更大的综合效益。

二、水库调度工作的要求

水库调度包括洪水调度和兴利调度两方面。在没有可靠的水文长期预测的情况下，可以根据事先制定的水库调度计划和调度原则来指导水库的运营，也可以参考中短期水文预测来进行水库的实时调度。对于那些有大量泥沙的水库，需要平衡洪水控制和泥沙排放的关系，即实施水沙调度。在水库群的管理中，需要特别考虑资源的互补调配和梯级调度的问题。为了确保调度工作的有效实施，需要提前制定水库年度调度计划，并根据实际的水流和用水情况来进行实时调度。

水库年度调度计划是根据水库的原始设计和历年的运行经验，结合当前年度的实际情况而制定全年调度工作的总体计划。水库的实时调度是指在水库日常运营中，根据实际情况确定运行状态的调度措施和方法，以实现预定的调度目标，确保水库的安全运行，并充分发挥水库的效益。

三、水库控制运用指标

水库控制运用指标是指水库实际运行中的一系列关键水位数据，用于制订水库调度计划和评估水库运行的安全性和正常性。在水库设计阶段，根据相关技术标准确定了多个特征水位，包括校核洪水位、设计洪水位、防洪高水位、正常蓄水位、防洪限制水位和死水位等确定。这些水位不仅决定了水库的规模和效益，还是水工建筑物设计的基础依据。在水库实际运行中，使用的特征水位通常根据水利部发布的《水库工程管理通则》中规定的允许最高水位、汛期末蓄水位、汛期限制水位和兴利下限水位等。这些水位的确定主要考虑原设计和相关特征水位，同时考虑工程现状和运用经验等因素。如果情况发生较大变化，无法按照原设计的特征水位来指导水库，就需要在进行仔细分析、比较和科学论证的基础上，制定新的指标。这些运行控制指标应根据实际情况需要随时进行调整。

① 最高允许水位是指水库在运行过程中，允许达到的最高水库水位，通常在设计的校核洪水情况下发生，它是评估水库工程防洪安全性的主要标志。

② 汛期的限制水位是为了确保水库在汛期具备足够的防洪库容而规定的上限水位。通常是通过模拟调洪计算得出，以满足水库防洪和下游防洪的特定要求。

③ 汛期末蓄水位是指综合利用水库在汛期结束时，根据兴利需求，要求达到的最高水位。这一水位在很大程度上影响着下一个汛期之前可能实现的综合利用效益。

④ 兴利下限水位是水库在正常情况下，允许降至的最低水位，反映了兴利需求以及各方面的控制条件。这些条件包括泄水和引水建筑物的设备高程、水电站最小工作水头、库内渔业生产、航运、水源保护等方面的要求。

四、水库兴利控制的运用

水库兴利控制运用的主要目标是在确保水库、上下游城乡以及河道生态的安全条件下，最大化地利用水库库容和河川径流资源，以实现水库的最大经济效益。

水库兴利控制运用是水利管理的重要组成部分，其基础是水库兴利控制运用计划。

（一）制定控制运用计划的基本资料

制定水库兴利控制运用计划需要收集以下基本资料：①水库历年逐月来水量数据；②历年灌溉、供水、发电、航运等用水数据；③水库集水面积内和灌区内各站历年降水量、蒸发量数据以及当年长期气象水文预报数据；④水库的水位与面积、水位与库容的关系曲线；⑤各种特征库容及相应水位，水库蒸发、渗漏损失数据。

（二）水库年度供水计划的制定

1. 制定年度供水计划的内容

制定年度供水计划的主要内容包括估算来水、蓄水、用水，通过水量平衡计算制定水库供水方案。

2. 制定方法

目前常用的制定方法有两种：一是根据定量的长期气象及水文预报数据估算来水和用水过程，制订供水计划；二是采用代表年与长期定性预报相结合的方法。

（三）水库兴利调度图

为了有效地管理水库的水量，必须依据径流的历时特性资料和统计特性资料，根据特定的水库运行准则，提前绘制一系列控制水库运行的蓄水指示线（称为调度线）形成水库调度图。若具备当年的长期气象预报数据并能估算当年的来水和用水量，便可根据水库现有蓄水量制定水库兴利水位过程图，即当年兴利调度图。在缺乏长期水文和气象预报数据，或者水文气象预报准确度不够满足需求的情况下，最常用的方法是使用统计调度图进行水库的兴利调度。

五、水库防洪控制运用

水库防洪调度是指通过合理运用水库的蓄水和调度功能，有序地管理、调整洪水，以防止下游防洪区域发生洪水灾害，并确保水库工程的安全性。

为了保障水库的安全，并最大限度地发挥其对下游的防洪效益，每年在汛期前应制定水库的控制运用计划。防汛控制运用计划需要根据具体工程状况重新确定防洪标准、调度方式和防洪限制水位，并重新制定防洪调度图。

（一）防洪标准的确定

对于符合原规划设计要求的实际工程状况，应执行原规划设计时的防洪标准。对于因工程质量、泄洪能力和其他条件限制而无法按原规划设计标准运行的情况，应根据当年的具体情况拟定本年度的防洪标准和相应的允许最高水位。

在拟定防洪标准时，需要考虑以下因素。

① 当年工程的具体情况和评估意见，对规定的最高防洪位在水库建筑物出现异常时应予以降低。

② 当年上、下游地区以及河道堤防的防洪能力和防汛需求。

③ 对于新建水库，如果未经过高水位考验，需要对汛期最高洪水位进行限制。

（二）确定防洪调度策略

水库在汛期的防洪调度是水库管理中的一项至关重要任务。这项任务在一定程度上直接影响着水库的安全性及下游的防洪效益，同时也对汛末的蓄水和水资源的有效利用产生了影响。为了确保有效的防洪调度，必须给予充分的重视，并制定合理可行的防洪调度策略，包括决定泄流方式、泄流量、泄流时间、闸门操作规则等。

水库的防洪调度策略的选择取决于多个因素，包括水库承担的防洪任务、洪水的特征及其他相关因素。根据承担的防洪任务要求，可以将防洪调度策略分为以下两种类型：① 以满足下游防洪要求为主要目标的防洪调度策略；② 以确保水库工程的安全性为主要目标的防洪调度策略，而不考虑下游防洪任务。

1. 下游有防洪要求的调度

下游有防洪要求的调度包括固定泄洪调度方式、防洪补偿调度方式、防洪预报调度方式3种。

① 固定泄洪调度。对于下游洪区（控制点）紧靠水库、水库至防洪区的区间面积小、区间流量不大或者变化平稳的情况，区间流量可以忽略不计或看作常数，对于这种情况，水库可按固定泄洪方式运用。泄流量可按一级或多级形式用闸门控制。当洪水不超过防洪标准时，控制下游河道流量不超过河道安全泄量。对防洪渠只有一种安全泄量的情况，水库按一种固定流量泄洪，水库下游有几种不同防洪标准与安全泄量时，水库可按几个固定流量泄洪的方式运用。一般多按"大水多泄，小水少泄"的原则分级。有的水库按水位控制分级，有的水库按入库洪水控制流量分级。当判断来水超过防洪标准时，应以水工建筑物的安全为主，以较大的固定泄量泄水，或将全部泄洪设备敞开泄洪。

② 防洪补偿调度（或错峰调度）。当水库距下游防洪区（控制点）较远、区间面积较大时，则对于区间的来水就不能忽略，要充分发挥防洪库容的作用，可采用补偿（或错峰调度）方式。

错峰调节是指当区间洪水汇流时间太短，水库无法根据预报的区间洪水过程逐时段地放水时，为了使水库的安全泄流量与区间洪水之和不超过下游的安全流量，只能根据区间预报可能出现的洪峰，在一定时间内对水库进行关闸控制，错开洪峰，以满足下游的防洪要求。这实际上是一种经验性的补偿。例如，大伙房水库就曾经按照抚顺站的预报关闸错峰，即当连续暴雨3h雨量超过60mm，或不足3h雨量超过50mm时关闸错峰。

③ 防洪预报调度是利用准确预报资料进行调度工作的一种方式。对于已建成的水库考虑预报进行预泄，可以腾空部分防洪库容，增加水库的防洪能力或更大限度地削减洪峰保证下游安全。对于具有洪水预报技术和设备条件，洪水预报精度和准确性高，且蓄泄运用较灵活的水库可以采用防洪预报调度，短期水文预报一般指降水径流预报或上下站水位流量关系的预报，其预期不长，但精确度较

高，合格率较高，一般考虑短期预报进行防洪调度比较可靠。

根据防洪标准的洪水过程，按照采用的洪水预报预见期及其精度，进行调洪演算。调洪演算所用的预泄流量是在水库泄流能力范围内且不大于下游允许泄流量的流量。如果下游区间流量比较大时应该是不超过下游允许泄流与区间流量的差值。通过调洪演算即可求出能够预泄的库容及调洪最高水位。

2. 下游无防洪要求的调度

下游不要求防洪的情况下，应优先考虑确保水库工程的安全，这包括正常和非常运用两种泄流方式。可以选择自由泄流或者变动泄流的方法。

① 正常运用方式：可根据水库水位或者入库流量来判断控制运用，按照预先设定的运行方式（通常为逐渐打开的变动泄流）来蓄泄洪水，确保水位不超过设计洪水位。

② 非常运用方式：当水库水位达到设计洪水位并超过时，对于有闸门控制的泄洪设施，可以全面打开闸门或按照规定的泄洪方式进行泄洪（通常采用自由泄洪或者启动非常泄洪通道等方式），以确保在发生校核洪水时水库水位不超过校核洪水位。

3. 闸门的启闭方式

① 集中开启：一次性集中开启所需的闸门数量及相应的开度。这种方式对下游的威胁较大，在下游防洪要求不高或者水库自身安全受到威胁时才考虑采用。

② 逐步开启：有两种情况，一是对于安全闸门，采用分序开启；二是对于单个闸门，进行部分开启。具体的开启方式主要根据下泄洪水流量的大小来确定。

(三) 防洪限制水位的确定

在水库规划设计时，虽然已经确定了防洪限制水位，但在汛期管理阶段，必须重新评估和调整这一限制水位，考虑到工程质量、水库的防洪标准、水文情况等因素。

对于水库质量较差的情况，应降低防洪限制水位以确保安全运行。对于存在严重问题的水库，甚至可能需要将水库排空，以解决问题。如果水库原本的设计防洪标准较低，那么在汛期应当降低防洪限制水位，以提高水库的防洪能力。如果水库容量相对较小，但上游河道在枯季有较大的径流，而且水库在汛期后短期内可以迅速蓄满，那么可以考虑将防洪限制水位设定得较低。

如果在汛期内需要分阶段供水，并且有明显的时段界限，为了充分发挥水库的防洪和综合效益，可以采用分期防洪限制水位进行分期调度。这意味着将汛期划分为不同的时段，根据每个时段的洪水量和所需的防洪库容来确定各时段的防洪限制水位。这样可以分期蓄水，并逐步提高防洪限制水位。

例如，对于丹江口水库，可以明显划分为7—8月和9—10月这两个时段。此外，下游允许的泄流量也有所不同，因为在7—8月期间，下游可能会受到长江水位的顶托，因此可以允许的泄流量相对较小。而在9—10月期间，洪水主要来自上游，流程较长，因此洪水的预报和预见期也相对较长。因此，这两个时段所需的防洪库容和防洪限制水位都不同。

确定分期防洪限制水位的方法有如下两种。

从设计洪水位反推防洪限制水位：根据每个分期的设计洪水量，从设计洪水位（或防洪高水位）开始逆向计算，以确定每个分期的防洪限制水位以及调整所需的防洪库容。

假设不同的分期防洪限制水位：计算相应的设计洪水位，最后综合比较，以确定每个分期的防洪限制水位。这种方法是每个分期为设计洪水拟定几个不同的防洪限制水位，按照规定的防洪限制条件和调洪方式，逐步计算每个分期的设计洪水位、最大泄流量和调洪库容，在综合分析的基础上确定每个分期的防洪限制水位。

（四）汛期防洪调度图

防洪调度图是在水库管理中用于指导和实施防洪调度的重要工具。它基于水库的水位，通过设定不同的线和区域，帮助决策者和操作人员在汛期有效地控制下泄流量，以应对潜在的洪水风险。以下是对防洪调度图的一些扩展说明。

1. 防洪限制水位线

这是防洪调度图中的基本线之一，代表了水库在防洪期间的最高允许水位。超过这个水位，可能会导致洪水泛滥。调度员会根据当前水位与这条线的关系来判断是否需要采取相应的调度措施。

2. 防洪调度线

这条线用于指导水库在不同水位下的调度策略。具体来说，当水位达到或超过防洪调度线时，相应的下泄流量将会被启动。这是根据先前的经验和模型预测来确定的，以确保在汛期保持安全的水位。

3. 标准洪水的最高调洪水位线

针对不同等级的洪水，防洪调度图通常会包含各种标准洪水的最高调洪水位线。这些线表示在不同的洪水情境下，水库的水位允许达到的最高点。这有助于调度员更好地了解和应对可能发生的不同级别的洪水。

4. 调洪区

防洪调度图根据不同水位区域划分出各级调洪区。每个区域可能对应不同的调度策略和下泄流量。这样的划分使得调度员可以根据水位的变化有针对性地调整水库的出流，以维持在安全范围内。

5. 调洪库容与兴利库容结合

防洪调度图考虑了调洪库容与兴利库容的结合情况。调洪库容指的是用于应对洪水的库容，而兴利库容则是用于供水或灌溉等方面的库容。在不同的时期，调度员需要综合考虑二者的利用，以达到最佳的水库管理效果。

总体而言，防洪调度图是一个综合了水文、工程、地理等方面信息的工具，其目的是在保障防洪安全的同时，最大限度地实现水库的多功能利用。在不同的水情和气象条件下，调度员可以根据图中的指引作出相应的调度决策，确保水库运行在安全稳定的状态。

（五）做好水文气象预报工作

正确的水文气象预测在汛期防洪调度中具有关键意义。例如，在预测是否会发生大洪水时，可以确定是否采用预先泄洪或推迟泄洪措施；提前泄洪或者蓄水也要根据预测提前做出，并结合当时的水库水位以及下游的可允许泄流量来进行决策。

在汛期，水库的水位应当受到规定的防洪限制水位的控制。为了减少不必要的弃水，可以依据水文预报条件、洪水传播时间和泄洪能力的大小，使水库水位略高于当前的防洪限制水位，逐渐释放水库中的可利用水量，但必须确保在下一次洪水来临之前将水库水位降至防洪限制水位以下。对于缺乏预报条件、洪水传播时间较短和泄洪能力较小的水库，不宜采取这种运行方式。

第二章　水利土石坝的养护和管理

第一节　概　　述

土石坝指的是由土料、石料或土石混合料，通过抛填和碾压等工艺建造而成的防水建筑结构。这种坝通常采用当地的原材料，因此也被称为当地材料坝。

一、土石坝的特点

土石坝的特点在于所使用的材料是松散的颗粒，土粒之间的结合强度较低，抗剪能力有限，颗粒之间的孔隙相对较大，因此容易受到渗流、冲刷、沉降、冰冻和地震等因素的影响。在实际运用中，土石坝常常会面临渗透引发的破坏和蓄水损失，沉降导致坝顶高程不足和裂缝的出现，抗剪能力不足、坡度过陡、渗流等问题可能导致滑坡，而土粒之间的结合力有限，抗冲击能力低，可能在风浪、降雨等作用下发生坝坡的冲刷、侵蚀和护坡破坏。此外，极端气温变化也容易导致土石坝材料的冻胀和干缩。

因此，为确保土石坝的安全性，需要具备以下要素：坝体稳定、有效的防渗和排水系统、坚固的坡面保护措施以及适当的坝顶结构。此外，在水库的运用过程中，需要加强监测和维护工作。

二、土石坝的失事

在中国，许多现有的土石坝存在各种程度的缺陷和问题，其中一些严重问题可能导致坝体失事。这些问题的成因多种多样，包括长期受到水的渗透、冲刷、气蚀、磨损等物理和化学作用，勘测、规划、设计和施工等环节存在一些不足和缺陷，工程管理不当以及人为因素等。同时，不可预见的自然因素和非常事件也可能引发土石坝失事事件。尽管导致土石坝失事的原因复杂多样，但通过加强管理，及时发现和解决工程中的缺陷和潜在隐患，可以避免一些事故的发生，或减轻事故造成的损害。

三、土石坝的病害类型

根据国家主管部门对全国 1000 件土石坝工程事故原因的调查分析，裂缝事故占 25.3%，渗漏事故占 26.4%，管涌事故占 5.3%，滑坡和坍塌事故占 10.9%，护坡破坏事故占 6.5%，冲刷破坏事故占 11.2%，气蚀破坏事故占 3%，闸门启闭失灵事故占 4.8%，白蚁钻洞及其他事故占 6.6%。可以看出，土石坝的主要病害类型包括裂缝、渗漏、滑坡和护坡损坏等。

第二节　土石坝的检查和养护方法

土石坝的各种问题都经历了一个演化过程，可以通过检查了解可能出现问题的形式和部位，及时发现并采取措施进行处理和维护，可以防止轻微问题进一步恶化，减少不利因素对土石坝的损害，确保土石坝的安全，延长其使用寿命。大量的工程管理经验表明，问题破坏主要是通过检查和观察来发现的。

一、土石坝的检查

土石坝的检查应包括日常巡视检查、年度检查和特别检查。

（一）日常巡视检查

日常巡视检查是利用直观方法或简单工具，经常性地检查和观察土石坝的表面，以了解建筑物是否完整，是否存在异常情况，这是土石坝养护和维修的基础。日常巡视检查的频率应为每月不少于 1 次，汛期应根据洪水情况适当增加次数。当水库水位首次达到设计洪水位，或出现历史最高水位时，应每天至少进行 1 次检查。在特殊情况下，或者出现工程异常情况时，应增加巡视的频率。

1. 检查范围和内容

土石坝的日常巡视检查应包括以下内容。

① 大坝表面的缺陷，包括坝坡上的塌陷、隆起、滑动、松动、剥落、冲刷、垫层流失、架空、风化变质等情况，坝顶的塌陷、积水、路面的状况，混凝土面板的不均匀沉陷、破损、接缝的开合状况以及表面止水工作情况，还包括面板和趾板接触处的沉降、错动、张开等情况。

② 大坝坝体、防浪墙、混凝土面板上的裂缝，包括裂缝的类型、位置、尺寸、方向和规模等情况。

③ 大坝的渗漏问题，包括坝体和坝基的渗漏、围坝渗流，以及渗漏的类型、位置、渗漏量、规模、水质和溶蚀情况等，特别需要关注土石结合部位的渗漏情况。

④ 大坝坝体滑坡，包括滑坡引起的裂缝宽度、形状、裂缝两端的错动情况，排水是否畅通，以及上部的塌陷和下部的隆起等情况。如果有渗流监测设施，还应观察坝体内的浸润线是否过高。

⑤ 排水和导渗设施的工作情况，包括截渗和减压设施是否存在破坏、穿透、淤塞等问题；排水反渗设施是否有堵塞和排水不畅、渗水是否出现骤增、骤减以及浑浊情况等。

2. 检查方法

日常巡视检查主要采用目测方法，即通过肉眼观察、听觉感知、手触摸等直观方法，并可以辅以简单的工具。需要有专门的人员负责进行检查，认真记录相关检查情况，并妥善存档。如果发现异常情况，应及时上报，然后进行分析，并提出适当的处理措施。

(二) 年度检查

水坝年度检查应在汛前、汛后、水位高低、低气温和冰冻严重的季节进行，每年至少两次。

1. 检查内容

检查项目包括日常巡视内容，着重考察：①坝下埋设管道的裂缝、渗漏、破损、位移、沉降等情况。②对抗白蚁和其他动物侵害。

2. 检查方法

采用全方位目视巡查，确保满足"五定"要求分别是制定检查制度、明确检查人员、确定检查时间、明确检查部位和任务。工具和仪器在年度检查时也起到重要作用。

① 槽探、井探和注水检查方法：槽探为开挖长条状探查，深度一般不超过10m，用于发现坝体隐患；井探由人工挖成圆形断面，深度不超过40m，用于深层隐患探查，但这些方法耗时费工，可能对坝体结构造成破坏。注水检查则通过向测压孔或新钻孔内注水试验，根据渗透系数判断坝体内是否存在裂缝或渗水通道。

② 甚低频电磁检查法：利用15～35kHz频率的电磁波，适用于大坝基础破碎带或石灰喀斯特溶洞的渗水隐患检查，具有穿透力强的特点。

③ 同位素检查法：包括同位素示踪测速法、同位素稀释法和同位素示踪吸附法，主要用于投入适量同位素剂至坝体渗漏区孔内，监测同位素到达下游或附近情况，分析以确定渗流速度、流向、渗漏系数等，检查坝体渗漏途径和渗流量。

（三）特别检查

特别检查是在土石坝发生严重险情、破坏或遭遇极端天气（如特大洪水、三年一遇的暴雨、7级以上大风、5级以上地震），以及首次达到最高水位、库水位日降落0.5m以上等极端情况下进行的巡查。由工程管理单位组织专业力量进行，必要时可邀请上级主管部门、设计和施工单位等共同参与。特别检查需结合观测资料进行分析研究，评估外部因素对土石坝状态和性能的影响，并提出水库管理运用的结论性报告。

此外，土石坝还需要进行安全鉴定工作。安全鉴定在水库建成的初蓄期和稳定运行期每3～5年进行一次，老化期每6～10年进行一次。按照工程分级管理的原则，由上级主管部门组织管理、设计、施工、科研等单位以及相关专业人员一同参与鉴定工作。该鉴定工作应对土石坝的安全状况进行评估报告，评价工程建筑物的运行状态，必要时提出处理措施。

二、土石坝的养护

土石坝的维护工作需要及时解决土石坝枢纽表面的缺陷和局部工程问题，以随时防止可能的损害，确保土石坝枢纽的安全、完整和正常运行。

维护包括常规维护、定期维护和专项维护。常规维护需要及时进行，而定期维护应在每年的汛前、汛后、冬季前或在有利于确保维护工程施工质量的时间段内进行。专项维护则需要在可能出现问题或已经出现问题后制定维护计划，确保及时维护，如果无法立即进行维护工程，应采取临时性保护措施。

根据《土石坝养护修理规程》（SL 210—2015），维护的对象应包括坝顶、坝端、坝坡、排水设施、闸门及启闭设备、地下洞室、边坡、安全监测设备以及其他辅助设备等。

（一）坝顶及坝端的养护

在坝顶和坝端的维护方面，应确保及时清除杂草和废物。坝顶上出现坑洼和雨淋沟的缺陷应迅速修复，使用相同的材料填平并保持适当的排水坡度。坝顶公路路面需要经常进行规范的维护，一旦出现损坏，应及时按照原路面的要求进行修复，如果无法立即修复，可以采用土或石料进行临时修补。

当防浪墙、坝肩和踏步、栏杆、路缘石等出现局部破损时，也应及时进行修复或更换，以确保它们的完整性和轮廓清晰。堆积在坝端的物质应该及时清除。如果坝端出现局部裂缝或坑洞，应查明原因并迅速进行修补。

坝顶上的灯柱如果倾斜，电线和照明设备损坏时，也需要及时修复或更换。坝顶的排水系统如果出现堵塞、积水或损坏，也需要及时清除和修复。

（二）坝坡的养护

坡面养护要确保坝坡表面平整，没有出现雨淋沟的缺陷，也没有长满了杂草和荆棘。护坡砌块必须保持完好，砌缝要紧密，填充材料要紧凑，不能有松动、坍塌、脱落或者砌块悬挂的情况。此外，排水系统也必须保持良好，避免淤塞问题。

对于干砌块石护坡，需要及时修复或重新安置个别脱落或松动的石块。如果出现风化或者冻毁的块石，应当及时更换并紧密嵌入。如果块石塌陷，导致垫层被冲刷，应首先将块石翻出，然后修复坝体和垫层，最后再将块石嵌入并紧密安放。

对于混凝土或浆砌块石护坡，如果发现伸缩缝内的填料流失，应及时进行填补，而填补之前必须清洗干净缝内的杂物。如果护坡局部出现侵蚀、剥落、裂缝或破碎，需要立即采取水泥砂浆表面抹补、喷浆或填塞等修复措施，且在处理前需要清洁表面。如果破碎面较大，垫层被冲刷，砌体有悬挂现象，应当采取临时性石料填塞，等待适当的时间进行全面修复。如果排水孔出现堵塞，需要及时疏通或修复。

对于堆石护坡或碎石护坡，如果石料滚动导致厚薄不均，应及时进行平整。

对于草皮护坡，需要定期修整，清除杂草，预防和处理病虫害，以确保护坡的完整和美观。如果杂草严重，可以采用化学方法或手工清除，而在发现病虫害时，应及时喷洒杀虫剂或杀菌剂，但在使用化学药剂时必须防止环境污染。如果草皮出现干枯，应及时浇水或施肥来进行养护。如果出现雨淋沟，需要迅速修复坡面，重新种植草皮。

在严寒地区，必须积极防止冰凌对护坡的破坏。可以采取打冰道或在护坡临水处铺设塑料薄膜等方法来减轻冰的压力。如果有条件，还可以采用机械破冰法、动水破冰法或水位调节法来破碎坝前的冰盖。另外，如果坝坡的排水系统出现积水，需要在冬季来临前清除干净。

(三) 混凝土面板的养护

养护和保护水泥混凝土面板的方法可遵循与混凝土表面相关的规定。对于沥青混凝土面板，需要采取以下措施：①如果出现表面封闭层老化、龟裂或剥落等问题，必须及时进行修复。②在夏季气温较高的地区，应采用浇水的方式来冷却沥青混凝土面板，以防止出现坡度流淌的情况。③在冬季气温较低的地区，需要采取保温措施，以防止沥青混凝土面板出现冻裂现象。

此外，如果面板变形缝止水带的止水盖板（片）、嵌缝止水条、柔性填料等出现局部损坏或老化，必须及时进行修复或更换。

（四）坝区的养护

坝区内各种设施（排水、监测、交通、绿化等）必须保持完好无损，同时确保其外观美观。

如果绿化区域内的树木或花卉出现缺损或干枯，应及时进行修复或进行充分灌溉和施肥等护理措施。

当在坝区范围内出现白蚁的活动痕迹时，务必立即采取控制措施。

发现新的渗漏点时，必须安装观测设备进行连续监测，然后在查明原因之后再进行处理。

对于上游铺盖的土石坝，应避免排空水库，以防止铺盖出现干裂或冻裂。需避免水库水位突降，以免导致坝体滑坡并损坏铺盖。

养护坝区内的排水和渗漏设施需满足以下规定。

① 排水设施应保持完好，无任何断裂、损坏、堵塞或失效现象，以确保排水畅通。

② 定期清理排水沟（管）内的淤泥、杂物及冰堵，以保持畅通。

③ 当排水沟（管）出现局部松动、裂缝或损坏时，应立即用水泥砂浆进行修复。

④ 若排水沟（管）的基础受到冲刷破坏，必须先修复基础，再修复排水设施，确保修复时使用与基础相同的土料并夯实。如排水设施设有反滤层，修复应符合设计标准。

⑤ 需定期检查并修复滤水坝趾或导渗设施周边山坡的截水沟，以防止山坡泥土淤塞坝趾导渗排水设施。

⑥ 经常清理减压井，确保排水通畅。同时，如有积水渗入减压井周围，应将其排干并填平坑洼，确保井周无积水。压井口应高出地面，以防止地表水倒灌。若减压井无法修复，可用滤料填实或新建减压井。

⑦ 经常检查土石坝的导渗和排水设施，防止下游泥水倒灌或回流冲刷。必要时可修建导流墙或用砂浆勾缝表层石块，确保排水体下部与排水暗沟相连，保障排水正常运行。

（五）边坡的养护

清理混凝土喷护边坡表面的杂草和杂物应是及时的措施。排水沟和截水沟内的杂草和淤积物需要定期清理，以保持通畅的水流。任何破损或损坏的排水沟和截水沟表面应迅速修复。需要定期检查边坡的稳定性，清除可能掉落的岩石，并在必要时设置防护设备。如果边坡出现沟壑、缺口、下沉或坍塌，修复工作应及时延展。

挡土墙的定期检查是必要的，如果出现任何异常情况，应采取以下行动。

① 清除挡土墙上的植物。

② 当墙体出现裂缝或断裂时，首先进行稳定处理，再进行补缝。

③ 排水孔应保持通畅，如果出现严重渗水情况，应增设排水孔或其他排水设施。

边坡锚固系统的维护应符合以下规定。

① 需要定期检查边坡支护锚杆外露部分是否出现锈蚀。如果发现严重锈蚀，应首先除锈，再用水泥砂浆进行保护。

② 定期检查边坡支护预应力锚索外锚头的封锚混凝土是否出现碳化或剥蚀情况。如果发现碳化或剥蚀情况较为严重，应按照《混凝土坝养护修理规程》（SL 230—2015）的相关规定进行处理。

③ 需加强锚杆和预应力锚索支护边坡的防水和排水工作，以防止地下水渗透，从而减轻或避免地下水对锚杆和锚索的腐蚀作用。

（六）监测设施维护

维护水管式沉降仪、钢丝位移计等安全监测系统是必要的。水管式沉降仪的观测玻璃管和储水桶内的杂质需要及时清理，同时定期更换系统内的液体；对于钢丝位移计系统，要确保工作台的清洁，经常给观测标尺涂抹油以保养，并进行观测台的防腐除锈工作。

废弃安全监测设备的处理需按照《大坝安全监测仪器报废标准》（SL 621—2013）的规定执行。

（七）其他养护

① 如果存在排漂设施，必须定期排除漂浮物；对于没有排漂设施的情况，可以采用浮桶、浮筏结合索网或金属栅栏等方式来截留漂浮物，并按规定时间清理。

② 必须按规定周期监测坝前泥沙淤积以及泄洪设施下游的冲淤情况。如果淤积影响枢纽正常运行，必须采取冲沙或清淤措施；如果冲刷问题严重，应采取相应的防护措施。

③ 需要定期检查坝肩、输水和泄水道的岸坡，保持排水沟和排水孔通畅，及时处理滑坡体和坡面的损坏部分。

④ 针对大坝上的钢木附属设备（如灯柱、线管、栏杆、标点盖等），应按规定周期进行油漆涂刷，以防止生锈和腐蚀。

⑤ 需要确保大坝两端的山坡和地面截水设施正常工作，以预防水流对坝顶、坝坡或坝脚的冲刷。必须及时清理岸坡结合部山坡上的滑坡堆积物，并对滑坡部位进行及时处理。

⑥ 应定期检查输水洞、涵管、管道等的状态以及周围土壤的密实情况，及时填补存在的接触缝和由接触冲刷引起的缺陷。

⑦ 及时捞取漂浮在坝前的较大漂浮物，以避免其在风浪中冲击坝坡。

⑧ 需要按规定定期进行白蚁和其他动物危害的预防和治理工作。

⑨ 必须强化对水库库岸周边安全护栏、防汛道路、界桩、告示牌等管理设施的维护和修复工作。

第三节　土石坝的裂缝处理措施

土石坝在蓄水期间常出现坝体裂缝，可能对坝体构成潜在威胁。例如，小的横向裂缝可能会演变成坝体渗漏的主要通道；一些纵向裂缝可能是坝体滑坡的先兆；某些内部裂缝在蓄水期间可能突然导致严重渗漏，威胁大坝的安全；一些裂缝虽未导致大坝崩溃，但却影响正常蓄水，长期影响水库效益。因此，对土石坝的裂缝问题应予以足够关注。

一、土石坝裂缝的类型及成因

土石坝的裂缝有的表现在坝体表面，有的隐藏在坝体内部，需进行挖掘检查或借助检测仪器才能发现。裂缝的宽度各异，窄者不到1mm，宽者可达几百毫米，甚至更大；长度短者不足1m，长者可达数10m，甚至更长；裂缝深度也各异，有的不到1m，有的深达坝基；裂缝的走向多种多样，有平行坝轴线的纵缝，有垂直坝轴线的横缝，有与水平面大致平行的水面缝，还有倾斜的裂缝。

土石坝裂缝的成因主要有坝基承载力不均匀，坝体材料不均匀，施工质量差，设计不合理。

土石坝的裂缝可分为表面裂缝和内部裂缝；按照裂缝走向可分为横向裂缝、纵向裂缝、水平裂缝和龟纹裂缝；按照裂缝的成因又可分为沉陷裂缝、滑坡裂缝、干缩裂缝、冰冻裂缝和振动裂缝。

二、土石坝裂缝的检查

在对裂缝进行检查和探测时，先需要整理和分析观测数据。根据前述提到的裂缝常见部位，需要关注坝体的变形，包括垂直和水平位移，监测测压管水位、土体中的应力以及孔隙水压力的变化，还需要注意水流渗出后的浑浊度等因素，以鉴别裂缝的位置。一旦初步确定裂缝出现的位置，便可以利用探测方法来精确确定裂缝的确切位置、大小和走向，以为制定裂缝处理方案提供基础。

通常，裂缝附近可能出现以下异常情况：① 沿坝轴线方向在同一高程位置的填土高度和土质基本相同，但某些测点的沉降值明显较其他测点小，这表明可能存在内部裂缝；② 垂直坝段各排测压管的浸润线高度通常在正常情况下除了靠近岸坡两侧略高，其他地方大致相同。如果发现某些坝段浸润线明显升高，那么可能在测点附近出现了横向裂缝；③ 当水流穿过坝体时，如果出现明显的清浊交替现象，那么可能存在贯穿裂缝或渗水管道；④ 坝面上出现了刚性防浪墙的拉裂等异常现象，并且坝身上有明显的塌陷，这表明该地点可能有横向裂缝；⑤ 出现了短距离内沉降差异较大的坝段；⑥ 土压力和孔隙水压力异常的位置。

为了检查可能存在裂缝的地点，可以采用土坝隐患探测方法，包括有损和无损探测。有损探测会对坝身造成一定程度的损坏，可以分为人工破损探测和同位素探测，而无损探测是指采用电法探测等无损方法来检查裂缝。

(一) 人工损坏探测

对于那些显示明显痕迹，沉降差异显著，以及坝顶的防浪墙出现裂缝的区域，可以采用探坑、探槽和探井的方法进行探测。这些方法包括人工挖掘一定数量的坑、槽和井，以实际观察坝体内部的潜在问题。这种方法具有直观性、可靠性，可以帮助确定裂缝的位置、大小、走向和深度，不过受到深度限制，国内的探坑和探槽深度通常不超过 10m，而探井可以深达 40m。

(二) 同位素探测

同位素探测方法利用已有的测压管，在其中引入放射性示踪剂以模拟自然渗透水流的状态，并利用核探测技术来观察其运动规律和轨迹。通过实地观测，可以获取渗透水流的速度、流向和路径。在给定的水力坡降和有效孔隙率条件下，可以计算相应的渗透水流速度和渗透系数。基于给定的宽度和厚度，还可以计算渗流量。这种方法也被称为放射性示踪法、单孔示踪法、单孔稀释法和单孔定向法等。

(三) 电法探测

电法探测是一种无损伤的探测方法，通过在土坝表面设置电极，使用电测仪器来观测人工或自然电场的强度。通过分析这些电场的特点和变化规律，以实现检测工程隐患的目的。土坝的几何形状通常在坝段纵向上是一致的，坝体横断面尺寸相对均匀。因此，坝体的几何形状对人工电场的影响在各个坝段基本相同。如果存在隐患，就会破坏坝体的整体性和均匀性，导致人工电场发生异常变化，从而使隐患点的电阻率与其他点产生差异。这是电法探测土坝隐患的基本原理。

电法探测适用于检测土坝上的裂缝、渗水集中区、管涌通道、基础渗漏、绕坝渗流、接触渗流、软土夹层以及白蚁洞穴等隐患。与传统的人工损坏探测相比，电法探测具有更快的速度和较低的成本，因此目前已广泛应用。电法探测方法有多种，包括自然电场法、直流电阻率法、直流激发法和极低频电磁法等。

这些列出的裂缝探测方法中，有些方法提供了直观和清晰的信息，而其他方法则只能大致确定裂缝的位置。选择哪种方法应根据具体地区的条件和可用设备而定。

三、土石坝裂缝的预防

土石坝裂缝的防治在于预防，而土坝裂缝的预防措施可以总结为设计、施工和管理三个方面。在设计时提前考虑裂缝可能发生的地点，在施工过程中采取必要的措施，在管理阶段加强养护，正确运用。

（一）设计阶段

由前述裂缝的成因可知，大多数裂缝均由坝体或坝基的不均匀沉陷引起，因此在设计阶段，应考虑如何减小坝体的不均匀沉陷。例如，坝基中的软土层应提前挖除；湿陷性黄土应提前浸水，以减少事后沉陷；坝体两端的山坡和台地应开挖成较缓的边坡，避免倒坡和峭壁的存在；与坝接触的刚性建筑物，如坝下涵洞、溢洪道、截水墙等，应设计成接触面具有一定的正坡，以减少坝体的不均匀沉陷，有利于坝体与刚性建筑物的结合；土石坝与其他建筑物或岸坡的接合处应适当加厚黏土防渗体，以防止裂缝贯穿防渗体；对坝体应根据土壤特性和碾压条件，选择合适的含水量和填筑标准。

（二）施工阶段

施工必须按照设计要求进行，严格控制清基、上坝土质、含水量、填筑层厚和碾压标准等各项施工质量。在施工过程中要妥善处理划块填筑的接缝，尤其是施工停顿期较长时，黏性土的填筑面应铺设临时沙土或松土保护层，而在复填时应清除保护层、刨松填筑面，特别注意新老面的结合，以防止填筑面的干缩。

（三）管理运行阶段

在运行管理期间，首先应按照日常维护工作的具体要求进行养护。其次，需特别留意水库水位的升降速度，即首次蓄水应逐年分期提高库水位，以防止因突然增加荷载和湿陷而产生裂缝。最后，在正常供水期要限制水库水位的下降速度，以防止水库水位骤降导致迎水坡产生滑坡裂缝。

这些措施有助于减少土石坝裂缝的发生，提高坝体的稳定性。

四、土石坝裂缝的处理

在处理裂缝之前，首要步骤是依据观测数据、裂缝的特征和位置，结合实地勘察结果，对裂缝的类型和形成原因进行分析。然后，根据具体情况采取有针对性的措施，及时进行加固和处理。土石坝面临各类裂缝，其中对坝体影响最严重的是横向裂缝、内部裂缝及滑坡裂缝。一旦发现这些裂缝，应严密监测，并迅速采取处理措施。对于缝深小于0.5m、缝宽小于0.5mm的表面干缩裂缝，或者缝深不大于1m的纵向裂缝，可以酌情决定是否处理，但需封闭缝口。对于一些正在发展中、暂时不会造成危险的裂缝，可以进行一段时间的观测，待裂缝趋于稳定后再采取处理措施，但需实施临时防护，以防止雨水和冰冻的影响。在处理非滑坡性裂缝时，主要方法包括开挖回填、灌浆以及二者结合的方式。

（一）开挖回填法

处理裂缝最彻底的方法是开挖回填，适用于深度不超过3m的裂缝，或者在允许水库排空的情况下进行修复和加固防渗部位的裂缝。

1. 开挖裂缝

在进行开挖前，为了确定裂缝的范围和深度，可以首先向裂缝内注入少量石灰水，然后沿着裂缝挖掘坑槽。裂缝的开挖长度应超过裂缝两端 1m，深度应超过裂缝尽头 0.5m，坑槽的底部宽度应保持在 0.5m 以内，并且坡度应满足稳定和新旧回填土结合的要求。在进行坑槽开挖时，必须采取安全防护措施，以防止坑槽进水、土壤干裂或冻裂，挖掘出的土料应远离坑口堆放。

对于贯穿坝体的横向裂缝，开挖时要顺着裂缝抽槽，首先挖成梯形或阶梯形（每个阶段的高度应约为 1.5m，回填时逐级消除阶梯，保持梯形断面），并沿着裂缝方向每隔 5～6m 挖掘一道结合槽，结合槽应垂直于裂缝方向，宽度在 1.5～2.0m，并特别注意新土料与旧土料的结合，以避免造成渗流的集中。

2. 处理方法

开挖的横断面形状应根据裂缝所在的部位和特点而有所不同，主要有以下 3 种方法。

① 梯形楔入法：适用于裂缝不太深的非防渗部位，开挖时采用梯形断面，或者开挖成台阶形的坑槽。在回填时，应将台阶削去，保持梯形断面，以便新旧土料紧密结合。

② 梯形加盖法：适用于裂缝不太深的防渗斜墙和均质土坝迎水坡的裂缝，其开挖情况与"梯形楔入法"基本相同，只是在上部根据防渗的需要，适当扩大开挖范围。

③ 梯形十字法：适用于处理坝体和坝端的横向裂缝，开挖时除了沿着裂缝挖直槽，在垂直于裂缝方向每隔一定距离（2～4m），还要挖结合槽，以形成"十"字形状，为了施工安全，可以在上游建立挡水围堰。

3. 土料的回填

回填的土料必须符合坝体土料的设计要求。对于沉陷裂缝，应选择塑性较大的土料，含水量应高于最佳含水量 1%～2%。在回填前，如果坝土料过于干燥，应先进行表面湿润处理；如果土体过于湿润或冻结，应清除后再进行回填，以便新旧土料之间可以良好结合。在回填时，应分层夯实，每层的厚度应在 0.1～0.2m。需要特别注意坑槽边角处的夯实质量，要求压实厚度为填土厚度的 2/3。回填后，坝顶或坝坡应加铺 30～50cm 厚的砂性土保护层。

对于缝宽大于 1cm，深度超过 2m 的纵向裂缝，也需要进行开挖回填处理。但需要注意，如果裂缝是由于不均匀沉降引起的，当坝体继续出现不均匀沉降时，应记录下裂缝位置，并采取泥浆封堵等临时措施，等到沉降趋于稳定后再进行开挖处理，因为这类裂缝在开挖回填处理中可能会受到破坏，需要采取必要的安全措施以防止人身安全事故的发生。如果挖掘坑槽工作量较大，也可以考虑使用打井机具沿着裂缝挖井的方法。这种方法在处理小型土坝时相对可行，井的直径通常为 120cm，两口井圈交叠 30cm，在具体施工中，可以首先挖单数井，其次回填坝体，最后挖双数井，分层夯实。

（二）灌浆法

对于那些不适合采用开挖回填法的情况，可能因工程困难、坝坡稳定风险或工程规模庞大，尤其是存在深层非滑动裂缝和内部裂缝的情况，灌浆法是一种有效的选择。这种方法涉及将浆液以适度的低压力或依靠浆液自重注入坝体内部，以填充和密实这些裂缝和孔隙，从而强化坝体结构。经验证明，选用合适的浆液可以有效地填充坝体内的裂缝、孔隙或洞穴，同时在灌浆的压力作用下，可以压实坝体内的土体，使裂缝闭合或被压紧。

在进行灌浆作业时，浆液的性质非常重要，它需要具备一定的渗透性、流动性、析水性、稳定性和抗收缩性，以确保灌浆效果良好。此外，浆液在灌注后应快速凝结，并保持足够的强度，以避免裂缝入口和输浆管路堵塞。通常情况下，可以使用纯黏土浆，其中浆液的成分应包括粒子含量在 50％～70％之间的黏性土。浆液的比例通常以水和固体的质量比为 1：1～1：2 为宜。然而，对于那些位于浸润线以下的裂缝，最好采用黏土水泥混合浆液，其中水泥的含量占干料的 10％～30％，以加速浆液的凝固并提高早期强度。对于那些存在渗透流速较大的裂缝，可以添加一些砂、木屑、玻璃纤维等材料，以确保及时堵塞通道。

对于灌浆孔的布置方面，它应根据裂缝的分布和深度来确定。对于坝体表面的裂缝，每一条裂缝通常都需要布置灌浆孔。这些孔应该位于长裂缝的两端、拐角处、裂缝密集区、缝宽变化区及裂缝交汇处。此外，需要注意与导水设备或观测设备之间保持足够的距离，以防止浆液串浆到这些设备上。对于坝体内部的裂缝，灌浆孔的布置应根据裂缝的分布范围、大小、灌浆压力以及坝体结构等因素进行综合考虑。通常情况下，可以在坝顶上游侧布置1～2排孔，必要时可以增加排数。孔的间距应根据裂缝的大小和灌浆压力来确定，一般为3～6m。布孔时，孔的间距应从稀疏到密，逐渐加密。此外，孔的深度应超过裂缝深度1～2m。

在进行灌浆操作时，非常重要的是控制灌浆压力。一般情况下，应首选重力灌浆和低压灌浆方法。

近年来，灌浆技术得到了快速的发展，并广泛应用于土质堤坝的危险修复和裂缝、渗漏问题的处理。从实际操作中，已经总结出了一系列有效的经验，包括选择适合的浆料，浆液浓度应先稀后浓，孔的布置应从疏到密，控制灌浆压力，以及采用少量多次的灌浆次数。

（三）开挖回填与灌浆处理相结合

这方法适用于那些裂缝从表层一直延伸到坝体深处的情况，或者在水库水位较高、难以完全挖掘和回填的区域，或者全部挖掘和回填存在一定难度的裂缝。在施工过程中，对于裂缝的上部进行挖掘和回填，而对裂缝的下部采用灌浆处理，通常是在挖掘到2～4m深度后立即进行回填。在回填过程中，要预埋灌浆管，并在回填表面进行灌浆处理。

第四节　土石坝的渗漏处理

土石坝的坝体和坝基通常会显示一定程度的渗透性。因此，在水库蓄水后，渗漏现象通常是无法避免的。正常渗漏是指不会导致土体渗透破坏的渗漏，与之相对的是异常渗漏，它会导致土体渗透破坏。正常渗漏的特征是渗漏量较小，水质清澈，不含土颗粒；而异常渗漏的特征是渗流量较大、较为集中，水质浑浊，透明度低。在工程实践中需要着重处理的是异常渗漏，因此本节内容只着重介绍异常渗漏问题。

一、土石坝渗漏的类型和成因

根据土石坝异常渗漏的位置，可将其分为坝体渗漏、坝基渗漏、接触渗漏和绕坝渗漏。

（一）坝体渗漏

水库蓄水后，水会从土坝上游坡渗入坝体，然后流向坝体下游，渗漏的出现点通常在背水坡面上，其溢出现象有散浸和集中渗漏两种。

散浸渗漏出现在背水坡上，最初渗漏部位的坡面呈现湿润状态，随着土体的饱和软化，坡面上会出现细小的水滴和水流。散浸现象的特征是土湿而软，颜色变深，面积较大，冒水泡，阳光照射时有反光现象，有些地方杂草丛生，或者坝坡面的草皮比其他地方茂盛。若需进一步鉴别，可使用钢筋轻松插入土体，拔出时带有泥浆，散浸处坝坡的水温比一般雨水温度低，且散浸处的测压管水位较高。

集中渗漏是指渗水沿渗流通道、薄弱带或贯穿性裂缝呈现集中水股形式流出，对坝体的危害较大。集中渗漏既可能发生在坝体内部，又可能发生在坝基中。

坝体渗漏的主要原因包括以下 3 个方面。

① 设计考虑不周。例如，坝体过于单薄，边坡太陡，防渗体断面不足，或下游反滤排水体设计不当，导致浸润线溢出点高于下游排水体；复式断面土坝的黏土防渗体与下游坝体之间缺乏良好的过渡层，使防渗体遭到破坏；埋于坝体的涵管，由于本身强度不够，或涵管上部荷载分布不均，涵管分缝止水不当致使涵管断裂漏水，水流通过裂缝沿管壁或坝体薄弱部位流出；对下游可能出现的洪水倒灌没有采取防护措施，导致下游滤水体被淤塞失效。

② 施工不按规程。例如，土坝在分层、分段和分期填筑时，未按设计要求和施工规范、程序去执行，土层铺填过厚，碾压不实；分散填筑时，土层厚度不

一，相邻两段的接合部分出现少压和漏压的松土层；没有根据施工季节采取相应措施，在冬季施工中，对冻土层处理不彻底，将冻土块填入坝内，而雨季和晴天的土体含水量未得到有效控制；填筑土料及排水体不按设计要求，随意取土、随意填筑，造成层间材料铺设混乱，导致上游防渗不牢，下游止水失效，使浸润线抬高，渗水从排水体上部溢出。

③ 其他原因。例如，由于白蚁、獾、蛇、鼠等动物在坝身挖洞筑巢，会引起坝体的集中渗漏；地震等引起的坝体或防渗体的贯穿性横向裂缝也可能导致坝体渗漏。

(二) 坝基渗漏

上游水流通过坝基的渗透层，从下游坝脚或坝脚以外覆盖层的薄弱部位渗漏出来，导致坝后发生水压管涌、土壤流失和湿地化现象。管涌是指在土体内部渗透水压力的作用下，土壤中的细小颗粒被渗水推动并带出坝体以外的现象。流土则指土壤表层所有颗粒因渗水顶托而同时移动流失的现象。流土通常以坝脚下土体隆起形成的泉眼开始，进一步发展成土体松动隆起，最终整块土壤掀翻被抬起。管涌和流土都是土体渗透破坏的表现形式，特别容易发生于水库水位较高的时候。

坝基渗漏的主要原因包括以下 3 点。

① 勘测设计问题，如地质勘探不够详细、地基结构不完全了解，导致设计未能采取有效的防渗措施；坝前水平防渗铺盖长度、厚度不足或垂直防渗深度未能完全截断坝基渗水；黏土铺盖与强透水地基之间未铺设有效的过滤层，或者铺盖下部土体为湿陷性黄土，沉陷不均匀，导致铺盖破坏渗漏；对天然铺盖了解不够清楚，薄弱部位未得到有效补救处理。

② 施工管理原因，如水平防渗铺盖或垂直防渗设施施工质量不达标，未能满足设计要求；未对坝基或两岸岩基上部的风化层和破碎带进行处理，或未按要求放置截水槽到新鲜基岩上；由于施工管理不善，在坝前任意挖坑取土，破坏了天然防渗层。

③ 水库最低水位缺乏控制，导致坝前黏土铺盖暴露在太阳下暴晒开裂，或

者不当的人类活动破坏了防渗设施；坝后减压井、排水沟缺乏必要的维护，失去了排水减压的作用，导致下游逐渐出现湿地化甚至形成管涌；坝后任意取土挖坑，缩短了渗透路径长度，影响了地基渗透的稳定性。

（三）接触性渗漏

接触性渗漏是指渗水通过坝体、坝基、岸坡等与其他结构或地形要素接触的部分，从相应位置渗透出来，最终进入坝后区域。

接触性渗漏的主要原因包括以下 3 个方面。

① 坝基清理不彻底，坝与地基接触面未采取合适的密封措施，或结合槽的尺寸不符合要求；截水槽下游的反滤层质量不达标。

② 对于土石坝，未能充分清理山坡基础，山坡与坝体的接触面过于陡峭，回填土没有夯实；坝体与山坡接触处未采取必要的措施来防止坝体下沉和延长渗水路径。

③ 在土石坝与混凝土建筑物相接处，可能未设置截水环或刺墙，防渗长度不足，回填作业不够密实；涵管下部可能存在分缝，防渗不当，一旦发生不均匀沉陷，会导致涵管破裂渗漏，引发集中渗流和接触侵蚀。

（四）周围渗漏

周围渗漏是指渗水通过土坝两侧的山体、岩石裂缝、溶洞、生物洞穴以及未清理的坡地积淤层等途径，从山体下游的坡地渗出。

周围渗漏的主要原因包括以下情况：山体两侧的岩石可能破碎，裂缝发育，或者存在断层，且未经适当处理或处理不完善，山体较薄，还含有砂砾和卵石透水层；在施工过程中可能破坏了坡地的天然防渗覆盖层，同时山体可能存在溶洞、生物洞穴或者由植物根系腐烂形成的孔洞等。

二、土石坝渗漏检查及分析

（一）检查项目

检查项目主要包括坝体浸润线、渗流量和水质等方面。通过对上述项目的检查，可以进行分析和判断是否存在异常渗漏情况，以采取相应的防护措施。

（二）异常渗漏的辨识方法

① 观察下游坝面是否存在分散浸透迹象。根据分散浸透的特征来进行辨识，如果存在分散浸透，表明浸润线升高，溢出点高于排水设施的高点，可能导致渗透性破坏或滑坡。

② 观察坝体、坝基或两侧山体是否出现渗透水的集中流动。根据集中渗透流动的特征进行辨识，一旦发现，需要观察渗水量的变化以及水的浑浊程度。需要特别留意水库水位上升期和高水位期的情况。

③ 检查坝后渗水的水质情况，包括是否带出红色、黄色的松软黏状铁质沉淀物，是否水质由清澈变浑浊，或者是否在下游坝脚区域有地基表面涌水和冒沙的迹象，这些都是产生渗透性破坏，尤其是管涌的明显特征。

④ 检查渗流量和测压管中的水位是否发生异常变化。如果在相同的水库水位条件下，浸润线或渗流量没有发生变化，或者渗流量呈逐年减小的趋势，那么这属于正常的渗水情况。然而，如果渗流量随时间逐渐增加，或者在水库水位达到某个高度后，浸润线升高或渗流量突然增加，或者突然减少并中断，这都超出了正常的变化规律，表明可能存在异常渗水情况，应当密切关注坝体上游区域是否存在裂缝、孔洞、断层等情况，同时监测渗漏量的变化。

三、土石坝渗漏处理及加固措施

坝体发生渗漏后，需进行细致检查和观测，对收集的资料进行详尽的分析和整理，以查明渗漏原因。随后，根据具体情况有针对性地采取相应的措施。处理土坝渗漏的基本原则是"上堵下排"或"上截下排"，即在上游采取防渗措施，堵截渗漏途径；在下游采取导渗排水措施，引导出坝体内的渗水，以提高渗透稳定性和坡稳定性。

（一）坝体渗漏处理

1. 斜墙法

采用斜墙法即在上游坝坡进行修补或加固原有的防渗斜墙，以堵截渗流，防止坝身发生渗漏。这种方法适用于大坝施工质量较差，导致严重的管涌、管涌塌坑、斜墙被击穿、浸润线及其溢出点抬高、坝身广泛渗水等情况。根据使用材料的不同，可以分为黏土斜墙、沥青混凝土斜墙及土工膜防渗斜墙。

修筑黏土斜墙时，通常需要先排空水库，打开护坡，清除表土，随后挖掘松土层 10～15cm，并清理含水量过大的土体。随后，用与原有斜墙相同的黏土进行填筑，分层夯实，以确保新旧土层良好结合。为了防渗，斜墙底部必须修建截水槽，深入坝基至相对不透水层。

具体要求包括：① 所用土料的渗透系数应低于坝身土料渗透系数的 1％；② 斜墙顶部厚度（垂直于坡面）不得小于 0.5～1.0m，底部厚度应根据土料容许水力坡降而定，一般不得小于作用水头的 1/10，最小不得少于 2m；③ 斜墙上游面应铺设保护层，使用砂砾或非黏性土料，厚度应大于当地冰冻层深度，通常为 1.5～2.0m。下游面通常按反滤要求铺设反滤层。

如果坝身渗漏问题不太严重，主要是由施工质量不佳引起的，可以通过降低水位，使渗漏部分露出水面，再对原坝上游土料进行翻筑夯实，而无需新建斜墙。

在水库不能排空、无法新建斜墙的情况下，可以采用水中抛土法。这意味着用船将黏土运至漏水处，均匀地投放，使黏土沉积在上游坝坡，以堵塞渗漏通道。但是这种方法的效果通常不如填筑斜墙好。

如果坝体上游坡形成塌坑或漏水喇叭口，而其他坝段质量良好，可以使用黏土铺盖进行局部处理。在漏水口处要注意预埋灌浆管，最后使用压力灌浆充填漏水通道。

在没有适合的黏土土料但有足够沥青材料的情况下，可以在上游坝坡上建造沥青混凝土斜墙。沥青混凝土几乎是不透水的，同时能够适应坝体的变形，不容易开裂，具有良好的抗震性能，而且工程量相对较小（因其厚度为黏土斜墙的 1/40～1/20），投资成本低，施工周期短。我国在修建沥青混凝土斜墙方面，已经积累了相当丰富的经验，因此近年来，在处理坝身渗漏时广泛受到关注。

土工膜防渗斜墙采用橡胶、沥青和塑料等基本原料。当对土工膜有强度要求时，可以使用抗拉强度较高的绵纶布、尼龙布等作为加筋材料，与土工膜热压形成复合土工膜。成品土工膜的厚度一般为 0.5～3.0mm，具有重量轻、运输便利、铺设方便的特点，而且柔性好，能够适应坝体的变形，具有耐腐蚀、不怕鼠、獾、白蚁破坏等优点。相较于其他材料用于防渗斜墙，土工膜的施工过程简便，需要的设备较少，易于操作，能够节省造价，而且施工质量容易得到保证。

土工膜与坝基、岸坡、涵洞的连接以及土工膜本身接缝处理是整体防渗效果的关键。沿着迎水坡坝面与坝基、岸坡接触边线，开挖梯形沟槽，然后埋入土工膜，用黏土回填。与坝内输水涵管连接时，可以在涵管与土坝迎水坡相接的段落增加一个混凝土截水环。由于迎水坡面倾斜，可以将土工膜用沥青黏贴在斜面上，然后回填保护层土料。土工膜的连接方式通常包括搭接、焊接和黏结，其中焊接和黏结的防渗效果较好。近年来，土工膜材料种类不断更新，应用领域逐渐扩大，施工工艺也变得更加先进，已经从低坝逐渐应用于高坝。

2. 灌浆法

当均质土坝或心墙坝因施工质量不佳，导致坝体严重渗漏，无法采用斜墙法或水中倒土法时，可以采用从坝顶钻孔的方式进行处理，采用劈裂灌浆法或常规灌浆法，在坝内形成一道灌浆帷幕，以阻断渗水通道。灌浆法的主要优点是无需放空水库，可以在正常运行条件下进行施工，工程量小、设备简单、技术要求不复杂、造价低、易于就地取材。这种方法适用于均质土坝，或者是心墙坝中较深的裂缝处理。具体的施工方法和要求可以参考施工技术等相关课程。

举例来说，对于某均质坝，其坝高为 37m，由于坝体压实质量差导致渗漏问题。经过研究分析，采取了坝体灌浆处理的方法：使用纯黏土浆进行灌浆，按照一排排灌浆孔，孔距为 2m，采用分段灌注，每段长度为 5m。第一段灌浆时的压力为 70～100kPa，随着深度的增加，每增加 1m，压力增加 10kPa，但控制最高压力不超过 300kPa，灌浆过程中水库的最大水头为 27.5m。经过处理后，渗流量减少了 73％～86％，坝体浸润线也明显下降。

防渗墙法是指利用特定的设备，通过相应的方式制造孔洞，然后在孔内填充特定的防渗材料，最终在地基或坝体内形成一道防渗屏障，以达到防渗的目的。

具体包括混凝土防渗墙和黏土防渗墙两种方法。这种方法可以在不降低库水位的情况下进行施工，防渗效果比灌浆法更为可靠。

3. 导渗法

上述方法都是应对坝身渗漏的"上堵"措施，旨在截流减渗。而导渗则是一种"下排"措施，专注于已经进入坝体的渗水，通过提升和强化坝体的排渗能力，确保渗水在不引起渗透破坏的情况下，安全畅通地排出坝外。根据具体情况，可以采用以下 3 种方式。

① 导渗沟法：对于坝体散浸不严重、不会导致坝坡失稳的情况，可在下游坝坡采用导渗沟法处理。导渗沟可以布置成垂直于坝轴线的沟，或者是"人"字形沟（通常为 45°角），也可以是二者结合的"Y"形沟。选择不同形式取决于渗漏的严重程度，常用"I"形导渗沟、"Y"形导渗沟和"W"形导渗沟。导渗沟一般深度为 0.8～1.2m，宽度为 0.5～1.0m，沟内填充符合反滤层要求的砂、卵石、碎石或片石。导渗沟的间距取决于坝坡的干燥程度，一般为 3～10m。滤料质量要受到严格控制，不得含有泥土或杂质，不同粒径的滤料要按照要求分层填筑，以避免坝坡崩塌。为保持坝坡整齐美观，减少冲刷，导渗沟可以设计成暗沟。

② 导渗砂槽法：适用于坝坡渗漏较严重、坝坡较缓且具有褥垫式滤水设施的特定坝段。导渗砂槽法具有较好的导渗性能，能够明显降低坝体浸润线。

③ 导渗培厚法：当坝体散浸严重、出现大面积渗漏、渗水在排水设施以上溢出、坝身较薄、坝坡较陡，同时需要提升下游坝坡稳定性时，可以考虑采用导渗培厚法。这种方法即在下游坝坡填筑一层砂层，再培厚坝身断面。这样在实现导渗排水的同时可以增加坝坡的稳定性。在执行导渗培厚法时，需要注意新老排水设施的连接，确保排水设备畅通有效，以达到导渗培厚的目的。

4. 土质隔水槽

土质隔水槽是一种在透水地基中挖掘呈槽形断面的沟槽，填充夯实黏土而成的防渗结构。特别适用于均质坝或斜墙坝，当不透水层埋置较浅（10～15m 以内）且坝体质量良好时，这是首选的防渗方案。然而，当不透水层较深且施工期间无法排空水库时，不应采用此方法，因为施工排水困难且投资增加，不经济。

5. 混凝土防渗墙

如果覆盖层较厚或地基透水层较深，修建土质隔水槽困难重重，可以考虑采用混凝土防渗墙。它具有不需要排空水库、施工速度快、材料节省和防渗效果好等优点。混凝土防渗墙是在透水地基中使用冲击钻钻孔，钻孔相互套接，然后在孔内浇注混凝土，形成密封的防渗墙体。墙体的上部应插入坝内防渗体，下部和两侧则应嵌入基岩中。

6. 灌浆帷幕

灌浆帷幕是在透水地基中每隔一定距离使用钻机钻孔，孔深达到基岩以下 $2\sim5m$，以一定压力将浆液注入坝基透水层中，填充地基土壤孔隙，形成不透水的防渗帷幕。当坝基透水层较厚，修筑土质隔水槽不经济，或者透水层中存在较大的漂石、孤石，修建防渗墙困难时，优先考虑采用灌浆帷幕。此外，当需要在坝基的局部区域进行防渗处理时，灌浆帷幕也是一种灵活方便的选择。灌注的浆液通常包括黏土浆、水泥浆、水泥黏土浆和化学浆液等。在砂砾石地基中，多使用水泥黏土浆注浆，其中水泥含量占水泥黏土总质量的 $10\%\sim30\%$，浆液浓度范围通常为干料与水的比例为 $1:1\sim1:3$。最佳配比需要通过具体试验确定。对于砂土地基，应避免盲目使用黏土浆或水泥浆（因为砂具有过滤作用，会导致浆料颗粒堵塞注浆通道），只有当砂砾的最小粒径大于 $4mm$ 时才能采用。对于中砂、细砂和粉砂层，可以酌情考虑使用化学灌浆，但其造价相对较高。

7. 砂浆板桩

砂浆板桩是通过人力或机械将 $20\sim60$ 号工字钢打入地基中，一组（$7\sim10$ 根）由打桩机在前面操作，一组由拔桩机在后面进行拔出。在工字钢腹板上焊接一条直径为 $32mm$ 的灌浆管，在拔桩的同时启动泥浆泵，将水泥砂浆通过灌浆管注入地基，以填充工字钢拔出后留下的空隙。等到所有工字钢都被拔出并注浆后，整个基础防渗砂浆板桩工程即告完成。

8. 高压定向喷射灌浆

高压喷射灌浆是指通过地基中置入的灌浆管的小喷嘴，喷射出高压或超高压的高速喷流体，利用喷流体的高度集中、力量强大的动能来冲击和切割土体。同时，将具有固化作用的浆液导入，与被冲切下来的土体就地混合。随着喷嘴的移动和浆液的凝固，地基中形成质地均匀、连续密实的板墙或桩柱等固结体，以达到防渗和加固地基的目的。

9. 黏土铺盖

黏土铺盖是一种水平防渗措施，通过在坝上游地基面分层碾压黏土而形成。其作用是覆盖渗漏部位，延长渗透路径，减小坝基渗透坡降，确保坝基稳定。施工简单、造价低廉、易于群众性施工是其特点，但需要在水库放空的情况下进行。同时，要求坝区附近有足够的符合要求的土料。尽管铺盖防渗可以防止坝基渗透变形并减少渗漏量，但不能完全杜绝渗漏。因此，黏土铺盖通常在不严格要求控制渗流量、地基各向渗透性相对均匀、透水地基较深，且坝体质量较好，采用其他防渗措施不经济的情况下采用。

10. 排渗沟

排渗沟是坝基下游排渗的一种措施，通常设置在坝下游靠近坝趾处，且平行于坝轴线。其目的是有计划地收集坝身和坝基的渗水，排向下游，以防止下游坡脚积水。同时，在下游存在较薄的弱透水层时，可以利用排水沟排水减压。对于一般均质透水层，沟深度只需深入坝基 1～1.5m；对于双层结构地基，且表层弱透水层较薄时，应挖穿弱透水层，在沟内设置反滤材料保护层。当弱透水层较厚时，不宜考虑其导渗减压作用。排渗沟的断面可根据渗流量确定，若同时起到排水减压作用，则需要进行专门计算。为了方便检查，排渗沟通常布置成明沟，但为防止地表水流入沟内造成淤塞，有时也可选择制作成暗沟，尽管这会增加工程量。

11. 减压井

减压井是通过使用造孔机具，在坝址下游坝基内沿纵向定期制造孔隙，使孔穿越弱透水层，深入强透水层一定深度形成。减压井的结构包括在钻孔内引入井管（包括导管、花管、沉淀管），井管下端周围填充反滤料，而上端连接到横向排水管并与排水沟相连。这样的设计可以将地基深层的承压水引导至地表，以降低浸润线，预防坝基渗透引起的变形，有效避免下游地区的沼泽化。在坝基弱透水层较厚、开挖排水沟不切实际且施工难度较大的情况下，可选择采用减压井。减压井是确保覆盖层较厚的砂砾石地基渗流保持稳定的关键措施。

尽管减压井具有出色的排渗和降压效果，但它的施工复杂度高，需要严格管理和维护，随着时间的推移，容易发生淤堵和失效的问题。因此，通常只适用于以下情况。

当上游覆盖层长度不足或天然覆盖层受损，导致渗透量增加，同时坝基是复式透水地基，一般的渗透控制方法难以施工，或者其他方法无法有效处理时。

无法完全排空水库，采取"上堵"的措施困难，但在安全地控制地基渗透的条件下，允许损失部分水量。

原有的减压井系统中的一部分失效，或者减压井之间的距离过大，导致渗透压力过高，需要进行修补。

从施工、管理和技术经济的角度来看，减压井在这些方面都比其他方法更具优势。

12. 透水盖重

透水盖重是指在坝体下游渗流地段的适当范围内，首先铺设反滤料垫层，其次填充石料或土料用以覆盖。其作用在于既可以引导覆盖层土壤中的渗水排出，又能提供一定的压力，对抗渗透水压力，因此也被称为渗透抵抗。

常见的压渗形式有以下两种。

① 石料压渗台。这主要适用于地区石料资源相对丰富、需要压渗的面积较小，或者需要进行紧急的临时抢险工作。如果坝体后方有夹带泥沙的水流倒灌的情况，就需要在石料压渗台的表面使用水泥砂浆进行填缝修补。

② 土料压渗台。这种方式适用于地区缺乏石料资源、需要覆盖的面积较大，以及需要在单位面积上施加较大压渗力的情况。在土料垫层中，需要定期设置垂

直于坝轴线的排水管，以确保滤料垫层中的排水通畅。

透水盖重是一种简单且易于实施的方法，通常用于处理坝基渗漏问题，特别适用于坝基的不透水层相对较薄、渗漏问题较严重、存在冒水和翻砂现象，或者坝体后方长期存在积水问题、大面积出现沼泽化，甚至出现管涌和土流破坏等情况。

13. 垂直铺塑防渗

垂直铺塑技术是利用专门开凿沟槽的机械，开挖一定宽度和深度的槽，将土工膜垂直铺设在槽内，再用土壤回填槽，形成以土工膜为主体的垂直防渗墙。

这一技术最初由山东省水利科学研究院开发，已成功应用于基础渗漏处理。例如，山东省东营市的重河水库和新疆维吾尔自治区的大海子水库的坝基防渗工程，以及江苏省骆马湖大堤的堤基防渗工程。

土工膜具有良好的防水性能和适应变形的能力，垂直铺设不易受紫外线和人为因素的破坏，使用寿命长。目前，开挖的槽宽可达 20cm，而槽深可达 12m。但是，在砂质地基中开挖槽时，槽壁容易发生塌落，对于铺设膜来说，槽宽仍然偏大，而深度偏小，因此还有待进一步改进。

(二) 绕坝渗漏处理

绕坝渗漏的应对原则仍然是"上堵下排"。在具体处理时，首先需要观测渗漏现象，确定渗漏位置，并分析渗漏原因，考察渗漏与库水位及降雨量的关系。此外，了解水文地质条件、施工接头处理措施和质量控制等方面的情况也是必要的。接着，可以采取有针对性的措施，以堵为主，同时结合下游排水。一般而言，具体的处理方法包括以下 6 种。

1. 截水墙

对于心墙坝，如果岸坡存在强透水层引起绕坝渗漏，可以在坝端开挖深槽，切断强透水层，再回填黏土形成黏土截水墙，或者建造混凝土防渗齿墙。需要注意的是，截水墙必须与坝身心墙连接。

2. 防渗斜墙

对于均质坝和斜墙坝，当坝端岸坡岩石异常破碎导致大面积渗漏时，可以沿岸坡建造黏土防渗斜墙。具体要求是斜墙下端要做截水槽，嵌入不透水层。如果开挖工程量较大无法达到不透水层，也可以做铺盖与斜墙连接。在水库放空困难的情况下，水下部分也可采用水中抛土或浑水放淤的方式处理。

3. 黏土铺盖

在坝肩上游的岸坡上使用黏土进行铺盖，以延长渗径，防止绕渗。这种方法适用于坝肩岩石节理裂隙细小、风化较微，且山坡单薄透水性大的情况。对于较陡的山坡，在水位变化较少的部位，可以采用砂浆抹面；而在水位变化较频繁或者裂缝较大的地段，可以使用混凝土、钢筋混凝土或浆砌石材料，并结合护坡，在渗漏岩层段的上游进行衬砌防渗。

4. 灌浆帷幕

当坝端岩石裂隙发育、绕渗严重时，可以采用灌浆帷幕进行处理。具体方法与坝基的灌浆帷幕处理相同。需要注意坝肩两岸的灌浆帷幕应与坝基的灌浆帷幕形成一道完整的防渗帷幕。

5. 堵塞回填

针对动物洞穴和根茎腐烂的孔洞引起的绕渗，可以将洞穴回填黏土并夯实，或者向洞穴灌注水泥砂浆，也可以用混凝土堵塞洞穴。

6. 下游导渗排水

在下游岸坡绕渗出处，可以铺设排水反滤层，以保护土料不致流失，防止渗透破坏。根据下游岸坡的不同情况，可以沿渗水坡面和下游坝坡与山坡接触处铺设反滤层，导出渗水。如果下游岸坡岩石渗流较小，可以采用排水孔引出渗水而如果下游岸坡岩石裂隙密集，可以在坝脚山坡岩石中打排水平洞，切穿裂缝，集中排出渗水。

(三) 岩溶地区的渗漏处理

在岩溶地区修筑水坝可能会导致严重的渗漏问题。这种渗漏可能会移走溶洞或裂隙中的填料，加剧渗漏情况，导致水库大量泄漏，对水坝结构和基础的安全构成威胁。为了应对岩溶地区的这种情况，需要采取地表和地下两种处理措施。

地表处理方法主要包括使用黏土或混凝土进行覆盖，以及喷涂水泥砂浆或混凝土等方法，而地下处理方法主要包括挖掘并填补洞穴、堵塞溶洞以及注浆等方法。

第五节　土石坝的滑坡处理

一、土石坝滑坡的类型

土石坝滑坡按其性质可分为剪切性滑坡、塑流性滑坡和液化性滑坡三种。

1. 剪切性滑坡

剪切性滑坡发生在黏性土中，尤其是坝基和坝体中除高塑性土外的土壤，发生频率较高。其主要原因是坝坡的陡度过大，土壤的压实程度不足，以及受到较大的渗透水压力作用。当坝体受到外部荷载的作用，导致滑坡体上的滑动力矩超过了阻滑力矩时，会在坝坡或坝顶出现与坝轴线平行的裂缝，随后这些裂缝会不断延伸和扩大，两端弯曲并向上游弯曲（在上游坡）或向下游弯曲（在下游坡）。同时，滑坡体的下部可能会出现带状或椭圆形的凸起，最终向坝趾方向滑动，起初缓慢然后逐渐加速，直到滑动力矩和阻滑力矩达到平衡为止。目前，大多数土坝滑坡属于这种类型。

2. 塑流性滑坡

塑流性滑坡通常发生在含水量较高的高塑性黏土坝体中。高塑性黏土在受到一定荷载作用下会表现出蠕动或塑性流动的特征。在这种情况下，即使土壤的剪切应力低于土壤的抗剪强度，剪切应变仍然会不断增加，导致坝坡出现连续的位移和变形，这个过程被称为塑性流动，而不是出现明显的纵向裂缝。坝体上部通常不会出现明显的纵缝，而是坡面的水平位移和垂直位移不断增加，而坝体的下部可能会出现凸起的现象。

3. 液化性滑坡

液化性滑坡通常发生在坝体或坝基土层由均匀的中细砂或粉砂构成的情况

下。当水库蓄水后，如果坝体处于饱和状态并突然受到震动（如地震、爆破或机械振动等），砂的体积会急剧收缩，导致坝体中的水分无法排出，使砂粒悬浮在水中。这会导致坝体向坝趾方向快速流动，类似于流体向下坡流动的过程，因此称为液化性滑坡。这种类型的滑坡发生速度非常快，几乎瞬间坝体液化并流失，很难进行观测、预测和抢救。

需要注意的是，滑坡裂缝与沉陷裂缝在处理方法和程序上存在明显差异，因此必须进行严格区分，以确保正确的处理措施。

二、土石坝滑坡的原因

土石坝滑坡的原因是多方面的，主要与下列因素有关。

① 筑坝所用的土料具有不同的物理性质，如内摩擦角和黏聚力，这导致它们在防止滑动体滑动方面具有不同的抗滑力。此外，土料的颗粒组成和碾压密实度各异，因而其抗剪强度也存在差异。上层土料抗剪强度较低时，可能引发滑坡。

② 土坝的结构形式包括上下游坝坡的设计、防渗体和排水设施的布置等方面。如果坝坡过于陡峭，可能导致滑动面上的滑动力（矩）超过抗滑力（矩），不合适或失效的防渗体或排水设施会导致坝体浸润线过高，引起下游坝坡大范围渗水，从而增加滑动力（矩），导致土坝滑坡。

③ 土坝施工质量直接影响其稳定性。如果铺设土太厚、碾压不充分或土料含水量不符合要求，导致碾压后的坝体干容重达不到设计标准，填筑土体的抗剪强度可能无法满足稳定要求。在冬季施工时，未采取适当措施形成冻土层，或将冻土引入坝体，在解冻或蓄水后，可能形成软弱夹层。此外，合龙段的边坡太陡，以及新旧坝体之间的连接处理不当，也可能引起滑坡。

④ 管理因素在水库运行中起着关键作用。水库水位快速下降，导致土体孔隙中的水不能及时排出，形成较大的渗透压力。在坝坡稳定分析中，水位以下的上游坝壳土体按浮容重计算滑动力。当水位骤降时，水位降落区的土体由浮容重变为饱和容重，可能使上游坝坡发生滑动。此外，坝后排水设施堵塞或失效，使

坝体浸润线抬高，可能引起下游坝坡滑坡。

⑤ 其他因素如持续降雨导致坝坡土体饱和、风浪侵蚀破坏护坡、地震和不当人为因素等，都可能对土坝稳定产生影响。

三、土石坝滑坡的预防与处理

(一) 滑坡的预防

滑坡是一种严重的地质灾害，其预防主要涉及土坝的合理设计和质量保证，尤其是针对水坝和水库的情况。以下是滑坡预防的一些主要方法。

1. 合理设计和施工

在规划和建设水坝时，需要确保土坝具有适当的断面和质量。这包括考虑土坝的高度、坡度、土质等因素，以提高其稳定性。

2. 定期巡检和维护

对于已建成的水坝和水库，必须严格执行巡检和维护制度，以及及时修复任何发现的缺陷和损坏，以确保坝体的稳定性。

3. 稳定校核

如果存在对土坝稳定性的怀疑，应进行稳定校核，以评估潜在的风险。特别是在高水位或其他不利条件（如地震）下，需要采取预防措施。

4. 预防措施

预防措施可以包括在坝脚增加压重或减缓坡度，采取防渗和导渗措施以减小水分渗透和坝基渗透压力。在某些特殊情况下，可能需要采取专门的定制措施，甚至对土坝的部分区域进行重建和改建。

5. 加高土坝

如果需要对土坝进行加高，通常应在已存在的稳定基础上进行，但只有在通过稳定性分析明确无问题时才能直接加高坝顶。

(二) 滑坡的抢护

当出现滑坡的迹象时，迅速采取措施是至关重要的。滑坡的抢护原则包括以下两种。

1. 上部减载

如果滑坡是由于水库水位骤降引起的，应立即停止水库的泄水操作，以减轻水压对坡体的作用。

2. 下部压重

在滑坡的主要裂缝位置，可以采取削坡措施，以减小坝体的坡度。在坝脚位置，可以采取压坡措施，以加强坝体的稳定性。

具体的抢护措施应根据滑坡的具体情况、发生位置和原因来制定。如果滑坡是由水库水位急剧下降引起的，应立即停止泄水，并在主裂缝处采取削坡措施，同时在滑动体坡脚部位使用砂石料或沙袋等进行临时压重来固定坡脚。

如果滑坡是由渗漏引起的，可以采取降低水库水位的措施，但要控制水位下降的速度，以避免对上游坡体的影响。同时，可以开设排水沟以迅速排除渗漏水，采取压重固脚措施来应对滑动体达到坝脚的情况，还可以对迎水坡进行防渗处理。

总之，滑坡的预防和抢护是非常重要的，特别是在水坝和水库等工程中。这些措施有助于减小滑坡风险，维护结构的安全性。

（三）滑坡的处理

当滑坡稳定后，应根据情况，经研究分析，进行彻底的处理，其措施有以下6种。

1. 开挖回填

一旦土壤发生破裂和松动，如果不采取适当措施，将无法使其恢复到原本的紧密状态。因此，应尽力将整个滑动体深挖出来，然后逐层用原土或与坝体相似的土料进行填实和夯实。如果滑动体体积较大，完全挖出可能存在困难，可以选择挖掉部分松土，再进行填实和夯实。在挖掘松散土壤时，首先，可以将位于裂缝两侧的松散土挖掉，挖到裂缝底部以下 0.5m，边坡坡度不大于 1∶1，挖掘坑两端的边坡坡度不大于 1∶3，并设置好结合槽，以便防止渗漏。填实土料应分层填充并夯实。其次，在深挖之前，应先喷水湿润土壤表面，然后刨平或松耙表层，再进行填土夯实，以便融合。最后，对于由于地基中淤泥层（或其他高度可压缩的土层）尚未清除或清除不充分而引起的滑坡，应在坝址处挖通淤层，填充透水材料（背水坡脚），形成固脚槽，并同时采取加压固脚的措施。

2. 放缓坝坡

对于因设计坝坡过于陡峭而导致的土体滑坡，处理时应考虑减缓坝坡的倾斜度，并将原有排水系统与新坝趾相连。如果滑坡时渗透线穿出坡面，那么在新旧土壤之间应设置反渗透排水层。降低坝坡的陡度必须经过稳定性的计算，如果没有试验数据来确定计算参数，也可以参考滑坡后的稳定坡面来确定降低坝坡的程度。

3. 压重固脚

在滑坡严重的情况下，滑坡体底部通常会延伸到坝趾之外，因此需要在滑坡段下部采取增强基底支撑的措施，以提高抗滑性。通常采用支撑台，如果同时具有排水功能，则也称为渗压台。最好使用砂石料作为增强基底支撑的材料。在缺乏砂石料的地区，也可以使用风化土料，但必须夯实到设计要求的密实度。如果有排水要求，则需要同时考虑排水系统的设置。支撑台的尺寸应根据使用的材料和夯实程度通过试验和计算确定。对于中小型水库，当坝的高度小于30m时，支撑台的高度一般可采用滑坡体高度的1/2～2/3。如果使用石料作为支撑台，其厚度通常为3～5m（或压坡体高度的1/3）；如果使用土料，其厚度应比石料大0.5～1.0倍。支撑台的坡度可以放缓至1：4。

4. 强化防渗

在水库蓄水后发生滑坡时，通常需要解决防渗问题。如果原有的坝体没有设置防渗斜墙，在高水头作用下，可能发生渗透破坏，导致背水坡滑坡，或者由于水位骤降引起迎水坡滑坡，使防渗斜墙受到破坏，都应根据具体情况降低水库水位或放空水库，再彻底修复防渗斜墙。对于因浸润线过高而穿出坡面或由于大面积散浸引起的滑坡，除了考虑结合下游导渗设施，还应考虑加强防渗，如进行坝身灌浆、加强防渗斜墙等。

5. 排水处理

对于由于渗漏引起的背水坡滑坡，在采用增强基底支撑时，新旧土体以及新土体与地基之间的连接面应设置反滤排水层，并与原有排水系统连接。对于由于排水系统堵塞引起的滑坡，在处理时应重新修复原有排水系统，使其恢复功能。对于因减压井堵塞引起地基渗流破坏而导致的滑坡，应对减压井进行维修，以恢复其效能。

6. 综合措施

确定安全合理的剖面结构，选择适应各种工况的稳定坝坡，并采取完善可靠的防渗、排水措施，从而在不同的工况下减小土体内的孔隙水压力，是防止和处理滑坡的有效方法。例如，对于一些水库可能发生水位骤降的情况，应在上游设置排水系统，以使水位下降时孔隙水压力由平行于坝坡方向变为垂直于坝基方向，从而提高上游坡的稳定性。

（四）滑坡处理中应注意的 5 个问题

① 虽然导致滑坡的原因各异，需要采用不同的处理方法，但无论是哪种滑坡，都应该采取综合性的措施，例如进行开挖回填、减缓坝坡、施加压重以加固基底，以及进行防渗排水等。不能仅仅依赖单一方法来解决问题。在进行处理时，务必要确保施工质量，以保障工程的安全性。

② 在滑坡处理中，特别是在进行紧急抢修工程时，务必在确保工作人员的人身安全的前提下进行工作。

③ 对于滑坡性裂缝，原则上不应采用灌浆的方法进行处理。因为灌浆液中的水分可能会降低滑坡体与坝体之间的抗剪强度，对滑坡的稳定性不利。而且，灌浆的压力还可能加速滑坡体的下滑。如果必须采用灌浆方法，必须进行充分的论证，以确保坝体的稳定性。

④ 对于滑坡体上部和下部的开挖与回填，应该遵循"上部减载"和"下部压重"的原则。开挖部位的回填应在进行压重固脚之后进行。对下部的开挖要分

段进行，切忌全面同时开挖，以免引起再次滑坡。

⑤ 不宜采用打桩固脚的方式处理滑坡，因为桩难以抵挡滑坡体的推力。打桩的震动可能反而会助长滑坡的发展。

第六节　土石坝护坡的修理

我国已建设的土坝采用不同形式的护坡，其中多数迎水坡采用干砌块石护坡，背水坡则使用草皮或干砌石护坡。少数土坝的迎水坡采用了浆砌块石、混凝土预制板、沥青渣油混凝土和抛石等形式的护坡。

一、土石坝护坡的破坏类型及原因

常见的护坡破坏类型包括脱落破坏、塌陷破坏、崩塌破坏、滑动破坏、挤压破坏、鼓胀破坏和溶蚀破坏等。

护坡破坏的原因是多种多样的，通过观察和总结可归纳为以下6个方面。

① 护坡块石的设计标准偏低或施工用料选择不严格，导致块石重量不足、粒径较小、厚度不够。有些选用的石料可能存在严重风化，风浪的冲击导致护坡脱落，垫层受到淘刷，上部护坡因失去支撑而发生崩塌和滑移。

② 护坡底端和转折处未设置基脚，结构设计不合理或深度不够，受到风浪作用时基脚被淘刷，护坡失去支撑而发生滑移破坏。

③ 护坡的砌筑质量不佳。在块石砌筑时，上下方向的接缝没有错开，形成通缝，导致砌筑失去了块石互相连锁的作用。块石砌筑中的缝隙较大，底部存在架空，拼接不牢固。受到风浪的冲刷，块石容易松动脱落，造成破坏。

④ 没有设置垫层或垫层级配不当。护坡垫层材料选择不严格，未按照反滤原则进行设计和施工。垫层的级配不合适，层间系数较大，无法起到反滤作用。在风浪的作用下，细粒料流失到层间，导致护坡被淘空，引发破坏。

⑤ 在严寒地区，冻胀现象导致护坡凸起，冻土融化后坝土松软，使护坡出现架空现象。水库表面的冰盖与护坡结冰紧密结合，冰的温度变化对护坡施加推

拉力，导致护坡破坏。

⑥在土坝运用过程中，突然水位下降或地震的发生都可能导致护坡发生滑坡等危险情况。

二、土石坝护坡的检查

土石坝护坡的检查项目主要包括以下 3 个方面。

① 坡面水质是否变浑，垫层是否流失，土体是否存在松软、滑动和淘刷现象。

② 坝面排水沟是否通畅，是否有雨水集中流动引发冲刷，排水沟是否遭受冲刷破坏，雨水是否能够有效排出。

③ 护坡表面是否存在风化剥落、松动、裂缝、隆起、塌陷、架空和冲刷等现象，是否有杂草、灌木丛生长，雨水是否形成淋沟，是否存在空隙、兽洞或蚁穴等问题。

三、土石坝护坡的抢护和修理

土石坝护坡的抢护和修理分为临时紧急抢护和永久加固修理两类。

（一）临时紧急抢护

当护坡受到风浪或冰凌破坏时，为了防止险情进一步恶化，破坏区域扩大，需要采取临时紧急抢护措施。常见的临时抢护措施包括沙袋覆盖、投放石料和使用铅丝石笼等方法。

① 沙袋覆盖：适用于风浪较小，护坡有局部松动脱落，垫层未被冲刷的情况。在破坏部位叠放两层沙袋，覆盖范围应超出破坏区域 0.5～1.0m 范围。

② 投放石料：适用于风浪较大，护坡已经出现冲掉和坍塌的情况。先铺设 0.3～0.5m 厚的卵石或碎石垫层，再投放足够大的石块，以抵抗风浪的冲击和冲刷。

③ 铅丝石笼：适用于风浪极大，护坡遭受严重破坏的情况。将装好的石笼用机械设备或人力移至破坏部位，用铅丝扎牢石笼之间的连接，并填充石块，以

增强整体性和抵御风浪的能力。

（二）永久加固修理

永久加固修理的方法通常包括局部重建、框架结构加固、砾石混凝土、灌注砂浆、全面浆砌石块和混凝土护坡等。

1. 局部重建

适用于原始设计较合理，护坡出现局部沉陷或因风浪冲击导致局部破坏的情况。在重建之前，先按照原始设计的断面填筑土料和滤水料的垫层，然后进行块石砌筑。要求如下：①在砌筑块石时，要先进行试验安放，以确定块石应当锤击修整的位置，确保接缝紧密，但块石之间要留有较大缝隙，通常称为"三角缝"；②块石应立砌，互相之间要牢固锁定，不应平铺或大面朝上，底部不能悬空；③竖向缝隙应错开，不能有直线缝隙；④如砌石缝底部有较大的空隙，需要用碎石填满并紧实，以确保底部实实在在，避免风浪吸出块石缝隙内的垫层砂砾料，造成护坡塌陷和破坏；⑤防止块石松动导致淘刷垫层，使整个护坡下滑。为此，在迎水坡上有的地方会建造浆砌石齿墙来防止滑动。经过实践证明，采取这种措施效果显著。

2. 框架结构加固

适用于河道或水库面较宽，风力较大，或在严寒地区有冰推力的情况下，护坡面临大面积破坏，需要整体重建，但仍无法解决冰冲破坏或波浪冲击等问题。这时可以利用原有护坡上的小块石进行框架结构加固，中间再砌上较大的石块。框架可以是正方形或菱形。框架的大小取决于风浪和冰情。如果风浪淘刷或冰冲破坏比较严重，可以缩小框架网格或适当增加框架的宽度；反之，可以放大框架，以减少工程量和水泥的消耗。在采用框架加固护坡时，为了避免框架带受到坝体不均匀沉降的裂缝，应留出伸缩缝。在严寒地区，框架带的深度应大于最大冻结层的厚度，以避免土体冻胀引起框架带裂缝，并破坏其固定作用。某水库在河南省采用正方形浆砌石框架加固护坡，框架带的宽度为 1m，框架内部干砌石块的长和宽各为 2m。经过两次 6～7 级风浪的冲刷，未发生破坏。

3. 利用砾石混凝土或砂浆灌注的方法来加固护坡

这种方法通过在原有的护坡块石缝隙中灌注砾石混凝土或砂浆，将块石固定在一起，形成一个整体结构，以增强其抗风浪和冰推的能力，减少对护坡的损坏。目前，有些护坡的垫层厚度和级配符合要求，但块石的尺寸普遍偏小；有些护坡的块石尺寸符合要求，但垫层厚度和级配不合规定，经常容易受到风浪或冰冻的破坏，从而危及护坡的稳定性。如果更换块石或垫层，将涉及大量的工程。因此采用上述的灌注方法能够加固护坡。该方法一般适用于水位变化较大的区域，通过实践证明，其效果较好。具体的操作方法是，首先清除坡面上的杂物、杂草等，用水冲洗石缝，确保块石与混凝土或水泥浆能够牢固结合。其次，在混凝土或水泥浆初凝前，用水泥砂浆将灌注的缝隙表面勾成平缝。为了排除护坡内部的渗水，一般会在一定面积范围内保留细缝或小孔，作为渗水排除通道。最后，在灌注缝隙的混凝土中，应选择适合石缝大小的砾石作为骨料，混凝土标号不宜过高，以节约水泥的使用量。如果石缝较小，可以改用砂浆进行灌注，一般使用 M8 的砂浆，水泥与砂料的比例为 1∶4。

4. 全面浆砌块石

当使用混凝土或砂浆灌注填塞石缝的方法无法防止风浪侵蚀和冰冻挤压时，可以利用原有护坡的块石进行全面的砌筑。例如，在广东省某水库干砌石护坡项目中，最终采用了这种加固方法来解决风浪侵蚀问题。在开始砌筑之前，必须清洗块石，确保块石与砂浆之间的紧密结合。砌筑块石时，要保护好下方的垫层，以防水泥砂浆渗入其中。通常采用 M5 的砂浆进行砌筑，而勾缝则使用 M8 的砂浆，所有块石都要直立砌筑。为适应土坝边坡的不均匀沉降，并方便维修工作，应采用分块砌筑，并设置伸缩缝。一般每个分块的面积最好控制在 $5 \sim 6m^2$，并留有排水孔或排水缝以排出土体内的渗水。

5. 块石混凝土护坡

使用这种加固方法时，可以利用原有护坡的块石，就地将其分块浇筑混凝土中，也可以使用预制混凝土板进行护坡，并确保良好的接缝处理和排水孔

（缝）。采用块石混凝土护坡的方法，相比全面砌筑的方法，具有能够抵御较大风浪冲刷、具有较强耐冻性以及能够就地利用块石的优点。但是，这种方法的缺点是需要较多的水泥、砂和碎石，造成工程造价高且工期较长。在我国沿海附近地区的土坝护坡工程中，当采用全面砌筑的方法后仍然面临破坏时，通常会考虑采用这种加固措施。

第三章 混凝土坝及浆砌石坝的养护和管理

第一节 概 述

一、混凝土坝与浆砌石坝的类型及特点

混凝土坝和浆砌石坝是常见的水利枢纽工程中用于挡水的建筑结构。它们根据其结构和力学特性可以分为不同类型，包括重力坝、拱坝、支墩坝等。此外，也出现了一些新型的坝型，如碾压混凝土坝和面板堆石坝等。

混凝土坝和浆砌石坝有一些共同的优点。它们的工程量通常比土石坝小，可以在雨季进行施工，允许施工期间坝顶有水流过，具有良好的抗冲刷和防渗性能，而且施工工艺已经相对成熟。此外，混凝土坝可以通过坝顶溢流来排洪，而浆砌石坝能够就地取材，减少水泥和钢材的使用，节省施工模板和脚手架，只需要较少的施工机械，对温度的影响较小，发热较少，施工期无需复杂的设备，施工技术相对简单。因此，混凝土坝和浆砌石坝在中国的水利水电工程中得到广泛应用。

二、混凝土坝及浆砌石坝的主要病害类型

混凝土坝和浆砌石坝可能会出现多种不同类型的缺陷，具体内容如下。

(一) 不足的抗滑稳定性

对于大坝结构，强度和稳定性是至关重要的要求。一般来说，重力坝的强度通常可以得到满足，但抗滑稳定性经常成为设计的关键控制条件。特别是当坝基

存在软弱夹层，而在设计和施工阶段未充分考虑其对大坝稳定性的影响时，大坝在运行期间可能出现失稳，这是最危险的缺陷之一。

（二）裂缝和渗漏

混凝土坝和浆砌石坝在运行过程中受到各种荷载和地基变形的影响，因此容易出现裂缝，这会降低坝体的整体稳定性和强度，缩短渗透路径，甚至可能导致集中渗漏。这不仅会增加裂缝部位的扬压力，而且可能会对大坝造成侵蚀，危害大坝的安全性和使用寿命。

（三）剥蚀破坏

剥蚀破坏是指混凝土结构表面出现麻面、露石、起皮、松软和剥落等老化病害。根据不同的破坏机制，剥蚀可以分为冻融剥蚀、冲磨和空蚀、钢筋锈蚀、水质侵蚀和风化剥蚀等不同类型。这些问题会降低混凝土坝和浆砌石坝的耐久性和性能。

第二节　混凝土坝和浆砌石坝的检查与养护

为确保混凝土坝和浆砌石坝的安全运行并延长使用寿命，需要制定适当的检查和养护制度。这项工作应由大坝管理单位指定经验丰富的专业技术人员完成，并确保进行记录和存档。如果发现异常迹象或变化，应及时报告并进行处理。以下是主要的工作内容。

一、运用前的检查和养护

在使用前，必须对建筑物进行全面检查，根据设计文件和相关竣工验收规定，特别是水下工程，在蓄水前必须完成检查。

① 建筑物的结构、形状、基础处理及仪器埋设等，如果不符合设计要求，必须采取相应的纠正措施。在施工过程中出现的缺陷，如混凝土因振捣不密实、温度差异过大、施工缝处理不当而引起的蜂窝、麻面、孔洞以及裂缝渗漏等，必

须根据其严重程度和对建筑物安全运行的影响情况，进行不同程度的处理，包括表面处理、堵漏和强化处理。

② 施工中使用的模板、排架和机械设备等必须全部拆除并妥善存储，任何留在表面的螺栓和其他铁件，除了个别情况因使用需要保留，都必须被去除。如果在泄流面上留有这些元素，还必须进行表面修整。需要保留的铁件应该涂上油漆或涂覆沥青以防止锈蚀。

③ 如果在泄流面上或泄洪孔洞进口附近发现有砂石、混凝土块、铁件或其他杂物堆积，必须进行彻底清除。

④ 对于泄水建筑物出口明渠的陡坡、消力池和尾水渠的边坡，如果存在危险的岩石，必须将其清除；对于两岸较高的风化岩边坡或土坡，如果存在崩坍危险并且威胁建筑物的安全，必须及时处理。

二、运用中的经常性检查与养护

混凝土坝和浆砌石坝的日常检查与维护，主要包括以下内容。

① 定期巡查和维护大坝外观。确保坝体表面干净完整，没有杂草、积水或杂物。检查坝面混凝土是否有脱落，伸缩缝是否有错动，充填物是否老化脱落，是否有新的裂缝和渗漏现象。一旦发现问题，要及时记录并报告处理。

② 定期进行大坝变形和渗流观测。通过变形观测和渗流观测监测大坝的稳定性和安全性。定期分析观测数据，如果有自动观测设备，要经常检查监测数据，及时报告异常情况。

③ 定期检查和维护大坝的排水系统。确保坝基排水系统和坝面排水系统畅通无阻，水量设施完好。要定期清除集水井和集水廊道的淤积物，注意观察是否有新增的渗漏点，并记录观察排水系统的排水量变化情况。

④ 定期巡查和维护大坝的泄水建筑物。检查大坝泄水洞（孔）、溢流坝段等表面混凝土，确保表面光滑平整，没有脱落剥蚀现象。保证进口闸门、启闭机没有锈蚀和变形，操作灵活顺畅。保证泄水建筑物进口的水流畅通，及时清理漂浮物和障碍物，保证水流稳定，防止坝基和两岸发生淘刷和冲蚀。

⑤ 定期检查和维护大坝的观测设施。经常检查观测设施，确保设施完好，工作正常。对大坝变形观测设施要加强保护，对渗流和水位等自动化观测设备，要经常检查避雷装置和电源装置，确保设备稳定可靠。定期检查自动观测数据，发现异常情况要及时报告处理。

⑥ 严格禁止坝体及上部结构超载运行。对于既是坝顶又兼做公路的情况，应该设置路标和限荷标示牌，禁止超过设计标准的车辆通过坝顶及其交通桥。

⑦ 严禁在大坝附近进行爆破、炸鱼、采石、取土、打井、毁林开荒等可能危害大坝安全和破坏水土保持的活动。

第三节　混凝土坝和浆砌石坝的裂缝处理

一、裂缝的分类和特点

裂缝是混凝土坝和浆砌石坝中常见的病害，主要由坝体温度变化、地基不均匀沉陷以及其他因素引起的应力和变形超过了材料的承载能力而形成。根据产生裂缝的具体原因，裂缝可以分类如下。

（一）变形裂缝

由于温度变化、湿度变化、荷载不均匀引起的收缩、膨胀和不均匀沉陷变形导致的裂缝。这种裂缝产生的原因是混凝土或浆砌石材料无法满足变形要求，导致应力超过承载能力而形成裂缝。变形裂缝产生后，由于变形得到部分或全部满足，应力会得到释放。大多数混凝土坝和浆砌石坝中的裂缝属于变形裂缝。

由于混凝土内部温度变化引起的收缩变形超过其约束能力而产生的裂缝。在混凝土坝的施工过程中，混凝土在注入时会升温，并随着凝固降温，由于岩基或混凝土垫层的限制，混凝土产生了温度变形，导致约束裂缝的形成。这类裂缝通常在混凝土浇筑后 2～3 个月或更长时间出现，裂缝较深且可能贯穿整个坝体，破坏了坝体的完整性。

（二）干缩裂缝

在混凝土坝的浇筑过程中，随着表层水分的散失和温度的下降，产生了由于体积收缩而引起的裂缝，称为干缩裂缝。这些裂缝位于表面，宽度较小，通常为0.05～0.2mm，纵横交错，呈龟裂状，没有规律性。

（三）塑性裂缝

在混凝土坝浇筑后的早期阶段，混凝土仍处于一定的塑性状态，在骨料自重下沉的作用下发生塑性变形而形成的裂缝称为塑性裂缝。这些裂缝出现在结构表面，形状不规则，长短各异，不相连。

（四）沉陷裂缝

由于不均匀沉陷引起的裂缝。在混凝土坝和浆砌石坝中，沉陷裂缝通常发生在存在断裂破碎带、软弱夹层、节理发育或风化程度不一致的基础上。当坝基地面不均匀沉陷导致坝体材料发生剪切破坏时，就会形成沉陷裂缝。此外，如果相邻坝段的荷载存在差异而未进行必要的加固处理，也容易产生沉陷裂缝。沉陷裂缝的两侧坝体常发生垂直和水平方向的错动，裂缝通常贯穿上下游，自坝顶至坝基，裂缝宽度较大，并会随着气温的变化略有变化。当水库蓄水后，沉陷裂缝可能继续扩展。因此，沉陷裂缝的存在会严重影响大坝的安全和正常运行。

（五）施工裂缝

有些裂缝在混凝土坝和浆砌石坝中出现，是由施工过程中的一些因素引起的，比如混凝土振捣不充分、分块浇筑新旧混凝土接缝处理不当等，这些因素都可能导致施工裂缝的形成。这些裂缝通常较深或贯穿整个坝体，其走向与工作缝面一致。垂直施工缝开裂往往比水平施工缝开裂更严重，通常裂缝宽度大于0.5mm。

（六）荷载裂缝

荷载裂缝是由坝体内的主应力引起的，有时也称为应力裂缝。在施工和运行期间，大坝在外部荷载的作用下，坝体结构内的应力可能超过一定的阈值，从而产生裂缝。这些裂缝通常属于深层或贯穿性裂缝，其宽度在长度方向和深度方向都有较大的变化，但受温度变化的影响较小。

（七）碱骨料反应裂缝

碱骨料反应裂缝是由于混凝土中使用了不适当的骨料，导致骨料中的某些矿物质与混凝土微孔中的碱性溶液发生化学反应，引起体积膨胀，从而导致裂缝的产生。这些裂缝没有固定的走向，通常呈现出龟裂状，裂缝的宽度相对较小。

二、裂缝的原因

混凝土坝和浆砌石坝的裂缝形成主要与设计、施工和运用管理等因素相关。

（一）设计方面

在大坝设计阶段，因为无法周全考虑各种因素，导致坝体截面过于薄弱，结构强度不足，从而使建筑物的抗裂性能降低，容易出现裂缝。设计不当的分缝分块、块长或分缝间距过大也可能导致裂缝。设计不合理导致水流不稳定，引起坝体振动同样可能引起开裂。

（二）施工方面

在施工过程中，基础处理、分缝分块、温度控制等未按照设计要求进行施工，可能导致基础不均匀沉陷。施工缝处理不善或者由于温差过大，也可能导致坝体裂缝。混凝土浇筑时，由于施工质量控制不佳，混凝土的均匀性和密实性差，或者混凝土养护不当，外界温度骤降时未采取保温措施，都可能导致混凝土坝裂缝的产生。

（三）运用管理方面

在大坝运用过程中，超过设计荷载使用，使建筑物承受的应力超过设计应力，可能导致裂缝。大坝维护不善，或者在北方地区受到冰冻的影响而未采取足够的防护措施，也容易引起裂缝。

（四）其他方面

地震、爆破、台风和特大洪水等引起的坝体振动或超过设计荷载的作用，常常导致裂缝的发生。含有大量碳酸氢离子的水对混凝土产生侵蚀，引起混凝土收缩也容易导致裂缝。

三、裂缝处理的原则

① 当裂缝未对构件的耐久性和防水性构成威胁时，根据裂缝的宽度来判断是否需要修复。

② 对于必须进行修复的裂缝，应根据其类型制定修复方案，确定修复材料、修复方法和修复时间。

③ 对于静态裂缝，立即进行修复，并根据裂缝的宽度和环境湿度选择适当的修复材料和方法。

④ 对于活动裂缝，应首先消除其成因，经过一段时间观察确认其已经稳定后，再按照修复静态裂缝的方法进行修复。如果无法完全消除成因，但确认对结构和构件的安全不会构成危害时，可以使用具有良好弹性或柔韧性的材料进行修复。

⑤ 对于仍在发展中的裂缝，应分析其原因，并采取措施来阻止或减缓其进展。在裂缝停止发展后，再选择合适的材料和方法进行修复或加固。

四、裂缝处理的措施

处理混凝土和浆砌石坝中裂缝的目标是恢复其完整性，保持其强度、耐久性和防水性，以延长建筑物的使用寿命。裂缝处理的方法取决于裂缝的原因、类型、位置和程度。对于沉陷裂缝和应力裂缝，通常应在裂缝稳定的情况下进行处理；对于温度裂缝，应在低温季节进行处理；对于影响结构强度的裂缝，应结合结构加固措施进行考虑；处理沉陷裂缝时，应先加固地基。

常用的混凝土坝和浆砌石坝裂缝处理方法包括表层处理、填充处理、灌浆处理和加厚补强坝体。

（一）裂缝的表层处理

适用于坝体表层出现细小裂缝，裂缝宽度一般小于0.3mm，并且分布范围较大，仅影响耐久性而不影响坝体的安全性。常见的处理方法包括表面喷涂、表面贴补、表面喷浆（混凝土）等。

1. 表面喷涂

① 环氧树脂等有机材料喷刷。当处理表面微细裂缝或进行碳化防护时，其方法是使用环氧树脂等有机材料进行喷涂。首先，使用钢丝刷或风沙枪清除表面的污垢和附着物，并对表面进行凿毛和清洗。其次，如果存在凹陷处，先涂刷一层树脂基液，再使用树脂砂浆将其抹平。最后，在整个施工面上进行 2～3 次的喷涂或涂刷，第一次喷涂需要使用稀释涂料，确保涂层的总厚度大于 1mm。喷涂材料的选择包括环氧树脂、聚酯树脂、聚氨酯和改性沥青等。这种处理方法施工速度快，工作效率高，非常适合处理大面积微细裂缝或进行碳化防护。

② 普通水泥砂浆涂抹。首先，对裂缝附近的混凝土表面进行凿毛和清洗。其次，使用标号不低于 425 的水泥和中细砂按照 1∶1～1∶2 的比例调配成砂浆，进行涂抹，涂抹的总厚度通常为 1～2cm。最后，在涂抹竖面或顶部时，一次涂抹过厚往往会因自重而脱落，因此最好进行分次涂抹，并最后压实和抹平表面。待 3～4h 后，进行养护，以防止在凝固过程中出现干裂或受冻现象。

③防水速凝灰浆（或砂浆）涂布。在存在渗漏的细裂缝上，如果使用普通水泥砂浆难以进行涂布，可以采用防水速凝灰浆（或砂浆）进行涂布，或者在使用防水速凝灰浆（或砂浆）封堵后，再使用普通水泥砂浆进行涂布。防水速凝灰浆（或砂浆）是指在灰浆（或砂浆）中添加具有防水和加速凝固特性的防水剂。防水剂通常可以在市场上购买，也可以自行配制。配制防水速凝灰浆（或砂浆）时，首先将水加热至 100℃，然后将胆矾、红矾、绿矾、明矾、蓝矾 5 种材料（或其中 2～4 种，总质量达到 5 种材料的质量，并确保每种质量相等）加入水中，继续加热并不断搅拌，直到完全溶解。再将溶液降温至 30～40℃，注入水玻璃中并充分搅拌，0.5h 后即可使用。如果不使用，应将其密封保存在非金属容器中。

在配制防水速凝灰浆（或砂浆）时，应先按比例稀释防水剂（或水玻璃），然后将其注入水泥或水泥与砂的混合物中，并迅速搅拌均匀。配制的灰浆（或砂浆）具有速凝特性，为便于操作，初凝时间不宜过短；在涂布之前，应进行试拌，以掌握凝固时间。每次拌制不宜过多，随即使用，避免浪费。

④ 使用环氧树脂砂浆等进行涂布。当需要在涂布的坝体表面形成具有抗冲刷或耐磨性能，或者需要提高修补层的强度或柔性时，可以使用环氧树脂砂浆等进行涂布。环氧树脂砂浆通常是在普通砂浆中添加环氧树脂、固化剂、增塑剂和稀释剂来制备的。它具有比普通砂浆更高的强度、较低的弹性模量和更大的极限拉伸强度。但其缺点是热膨胀系数较大，在温度剧烈变化时可能会与旧混凝土分离。为提高涂布层的耐久性，宜将环氧树脂砂浆用于温度变化较小且少受日光照射的部位。

2. 表面贴补

表面贴补是指在混凝土裂缝处使用黏结剂贴补片材，以获得一定的强度和防渗性能。通常在裂缝数量较少的情况下采用。这种修补方法使用橡胶、塑料带、紫铜片和玻璃丝布等贴补材料，并使用环氧材料作为黏结剂。根据裂缝的干湿情况，可以使用不同配方的环氧黏结剂进行贴补。

对于存在渗水漏水问题的裂缝，应该先使用防水速凝灰浆等封堵材料封堵，再进行贴补处理。下面分别介绍了橡胶和玻璃丝布的贴补方法。

① 橡皮贴补。首先，在裂缝两侧的混凝土表面上凿成宽度为 14～16cm，深度为 1.5～2cm 的槽，确保槽面平整且无油污和灰尘。根据需要，将橡胶剪裁成合适的尺寸（如果长度不够，可以将橡胶的接缝处削成斜面，用胶水连接），建议橡胶的厚度为 3～5mm。其次，将橡胶表面锉毛或浸泡在工业用浓硫酸中 1～2min，取出后立即用清水冲洗干净，并晾干备用。

处理完混凝土表面后，首先在其上刷一层环氧基液，再铺一层厚度为 5mm 的环氧树脂砂浆。沿着裂缝的方向，划开一个宽度为 5mm 的环氧树脂砂浆槽，将石棉线填充其中。其次，将事先涂有一层环氧基液的橡胶板从裂缝的一端开始贴合到刚涂抹好的环氧树脂砂浆上。最后，在贴合过程中，要均匀施加压力，直到环氧树脂砂浆从橡胶板的边缘挤出。为了防止橡胶板翘起，可以使用带有塑料薄膜的木板压实。为了防止橡胶老化，应在橡胶表面刷上一层环氧基液，并再涂抹一层环氧树脂砂浆进行保护。

② 玻璃丝布贴补。选择适用的玻璃丝布，常用的是中碱无捻玻璃丝布。它具有高强度、良好的耐水性、易排除气泡和施工方便的特点。玻璃丝布的厚度应为 0.2~0.4mm，因为较厚的玻璃丝布对胶液的浸润能力较差。在使用之前，需确保玻璃丝布表面的油蜡被清除，以提高黏结力。处理油蜡的方法通常是将玻璃丝布放入皂液中煮沸 0.5~1h，再取出用清水漂洗，晾干备用。

在开始粘贴之前，要对混凝土表面进行毛刺处理和清洗，如果表面不平整，可以使用环氧树脂胶或环氧树脂砂浆进行修平。粘贴时，首先在粘贴面上均匀涂刷一层厚度小于 1mm 的环氧基液，确保粘贴面被基液浸润，且没有气泡产生。其次，将事先裁剪好的玻璃丝布拉直，从一端开始铺设到另一端，用刷子刷平贴实，使环氧基液渗出玻璃丝布，避免气泡存在。如果玻璃丝布内部有气泡，可以用刀划破，排除气泡，并用刷子将其平整贴紧。最后，在玻璃丝布上再刷一层环氧基液。根据需要，可以贴补第二层、第三层玻璃丝布，上层玻璃丝布的宽度应稍稍比下层宽 1~2cm，以便于压边。根据具体情况，通常贴补 2~3 层玻璃丝布。环氧玻璃丝布（也称为玻璃钢）具有高强度、抗冲耐磨和抗腐蚀性好的特点，适用于高速水流区域和一般的裂缝修补。

3. 表面喷浆（混凝土）

首先，对裂缝分布范围较大的大坝表面进行凿毛处理。其次，使用喷射机械将预配好的砂浆喷射到坝面上，形成一层保护层。如果需要增加喷浆的强度，可以采用钢丝网结合喷浆的方式。选择 425~525 号硅酸盐水泥作为砂浆的主要成分，每立方米砂浆中的水泥用量不低于 500kg。水灰比应控制在 0.40~0.50，以保证适当的流动性。砂料应选择偏粗的中砂，这样可以节约水泥用量并减小收缩的可能性。喷射的压力应控制在 0.1~0.3MPa 之间。施工时从下往上进行，采用分层喷射的方法，每层喷射之间的间隔时间为 20~30min。总厚度应为 5~10cm。为了保证修补效果，最后需要进行收浆抹面，并且要注意进行湿润养护，持续 7 天。

（二）裂缝的填充处理

当大坝表面出现明显且宽度大于 0.3mm 的裂缝，且裂缝数量较少且深度较大时，可以采用填充处理方法。具体步骤是沿着裂缝用"U"形或"V"形槽凿出一条裂缝槽，槽顶宽度约为 10cm，然后清洗槽面并填充密封材料。根据裂缝的不同类型，选择适当的填充材料。对于静止裂缝，可以选用水泥砂浆、聚合物水泥砂浆、树脂砂浆等；而对于活动裂缝，宜选用弹性树脂砂浆和弹性嵌缝材料。如果在凿槽过程中发现钢筋混凝土结构中的顺缝钢筋出现锈蚀，需要将混凝土凿除至能充分处理已锈蚀的钢筋部分，再对钢筋进行除锈处理，并在钢筋上涂覆防锈涂料，填充嵌缝材料至槽中。

对于坝体中的活动缝进行填充处理时，宜凿成"U"形槽，将槽底垫上不粘混凝土的材料（一般为塑料片材），然后填充弹性嵌缝材料，使其与槽两侧黏结。由于底槽有塑料垫层的存在，嵌缝材料与槽底混凝土不会黏结，而在槽的整个宽度范围内可以自由变形，这样当裂缝发生拉伸变形时，不会被拉开。此外，当使用普通水泥砂浆作为填充材料时，应先湿润槽壁；而使用其他填充材料时，则应保持槽内干燥。无论使用何种填充材料，确保槽内无渗水现象非常重要，如果有渗水现象出现，必须采用速凝灰（砂）浆进行堵漏或进行导渗处理，以确保槽内无渗水后再进行填充处理。

（三）裂缝的灌浆处理

对于出现深层裂缝的坝体，采用灌浆法进行修补处理是一种常用的方法。灌浆修补法通过使用压力设备将浆液注入裂缝和内部缺陷中，填充空隙，并在浆液凝结和硬化后起到补强加固、防渗堵漏和恢复坝体整体稳定性的作用。这种方法也可以用于对大坝基础进行防渗加固处理。

1. 灌浆材料

选择适当的灌浆材料（浆材）是裂缝灌浆处理的关键。灌浆材料的选取应考虑两个方面：补强加固的要求和防渗堵漏的要求。补强加固需要材料具有较高的固化强度，能够恢复坝体的整体性，因此可以选择环氧树脂、甲基丙烯酸酯、聚酯树脂、聚氨酯等化学材料。防渗堵漏则要求材料具有良好的抗渗性能，对强度要求不一定很高，一般可以选用可溶性聚氨酯、丙烯酰胺、水泥和水玻璃等。此外，在选择灌浆材料时还应考虑两个原则分别是可灌性和耐久性。所选材料必须能够充分填充裂缝并凝固固化，以达到补强加固和防渗堵漏的目的；材料要具有稳定的性能，不易受化学变化、侵蚀或溶解破坏；同时与裂缝混凝土有足够的黏结强度，以防止脱离，这对于活动缝尤为重要。

灌浆材料品种繁多，常用的浆材有水泥类浆材、环氧类浆材、丙烯酰胺类浆材、聚氨酯类浆材、甲基丙烯酸酯类浆材等。

① 水泥类浆材。水泥类灌浆材料包括普通水泥、超细水泥、硅粉水泥、膨胀水泥等。在水泥类浆材的配方中，水与水泥的比例通常为 0.5∶1～1∶1。普通水泥浆材一般使用 525 号硅酸盐水泥；超细水泥浆材则要求水泥的比表面积大于 8 000cm^2/g；硅粉水泥浆材中硅粉的掺量为 7%～10%；膨胀水泥浆材可以使用膨胀水泥，也可以使用硅酸盐水泥与膨胀剂混合配制而成，其中膨胀剂 UEA 的掺量为 10%～12%。

② 环氧类浆材。环氧类浆材由环氧树脂（主剂）、固化剂（如间苯二胺、乙二胺）、稀释剂（如丙酮、苯、甲苯、二甲苯、环氧丙烷苯基醚、环氧丙烷丁基醚等）和增塑剂（如邻苯二甲酸二丁酯）组成。

③ 丙烯酰胺类浆材。丙烯酰胺类浆材是一种较早出现的化学浆材，美国称为"AM-9"，中国称为"丙凝"。丙凝浆材具有黏度低、可灌性好、凝结时间可调节、抗渗性好等特点。在聚合前，丙烯酰胺类浆材具有一定的毒性，操作人员应戴橡胶手套进行操作，切不可掉以轻心。

④ 甲基丙烯酸酯类浆材。甲基丙烯酸酯类浆材通常简称为甲凝。这类材料的特点是黏度低、可灌性好、力学强度高，常用于混凝土裂缝补强。甲凝浆材由主剂、引发剂、促进剂、除氧剂和阻聚剂等改性剂组成。

⑤ 聚氨酯类浆材。聚氨酯类浆材是一种效果较好的防渗堵漏、固结效能较高的分子化学灌浆材料。聚氨酯类浆材分为油溶性和水溶性两种，而水溶性聚氨酯又分为高强度和低强度两种。

2. 灌浆施工工艺

大坝裂缝灌浆处理工序主要包括以下 4 个步骤。

① 钻孔埋管。钻孔埋管是进行压力灌浆的第一步，其施工质量的好坏将直接影响到整个工程的灌浆进程和处理效果。可以使用机械钻、风钻或电锤钻等进行钻孔作业。钻孔位置可以选择紧靠裂缝或进行斜钻。孔径应根据实际情况进行确定，但不宜过大，以免过多浆液流失。钻孔间距应根据裂缝的宽窄来确定，一般在 50~150cm 之间。进行钻孔埋管前，需要认真清洗孔壁，并通过水压或气压检查裂缝的走向和通联情况，再进行埋管操作。对于无法与裂缝相通的死孔，可以采取其他处理方法，避免无效劳动。

② 嵌缝止浆。在进行裂缝灌浆之前，通常需要进行嵌缝止浆处理，以防止在加压灌浆过程中浆液的流失，并确保裂缝内部充满浆液。嵌缝的方法基本上与前述的裂缝填充方法相同。

③ 检查水压或气压。水压或气压检查的目的：第一，在洗孔后检查钻孔与裂缝是否通联，如果通联，则说明有效，否则需要重新钻孔；第二，在埋管后检查埋管是否与裂缝通联，如有问题及时处理；第三，在嵌缝后通过水压（或气压）检查嵌缝的质量，发现漏水（漏气）现象时及时修补，检查时的水进入速度和数量可用于灌浆控制的参考；第四，在灌浆完成后，通过检查孔进行水压（或气压）检查，以确定灌浆效果，如果检查孔仍有水（气）进入，说明裂缝还未充填完全，可以利用检查孔进行补充灌浆。

④灌浆。灌浆是关键的工序，施工过程中需要特别注意工艺。灌浆可以采用双液法和单液法两种方式。浆材凝胶时间短的通常使用双液法，浆液在孔口混合后立即进入裂缝并快速凝固；凝胶时间较长的浆材通常使用单液法，使用注浆泵或压浆罐进行施工。灌浆压力一般在 0.2~0.6MPa，具体选定时应根据进浆速度、进浆量和边界条件进行，压力不宜过高，以防施工破坏。对于垂直裂缝，灌浆应从下至上进行，对于水平裂缝，应由一端向另一端灌注，或由中间向两端灌注。应尽量排除裂缝中的水（气），以确保浆液充填密实饱满。根据裂缝的宽窄及时调整浆液的稀稠度，如果裂缝太宽需要较浓的浆液，可以在浆液中添加填料

以节约浆材用量。裂缝灌浆通常选择气温最低、裂缝开度最大的冬季进行。水泥灌浆施工可以参考《水工建筑物水泥灌浆施工技术规范》（SL/T 62—2020）的相关规定。

（四）加厚补强坝体

当坝体出现较多应力裂缝和沉陷裂缝的问题，可以采用加厚坝体的方法进行处理。通过加厚坝体，可以封堵裂缝，同时增强坝体的整体稳定性和改善坝体的应力状态。通常情况下，坝体在上游进行加厚，具体尺寸应通过应力计算来确定。对于浆砌石坝，施工过程中需要特别注意新老砌体的结合。如果在其中设置混凝土防渗墙，效果会更好。

需要注意的是，加厚坝体的处理费用较高，因此在选择加固方案时需要充分考虑，并只在非常必要的情况下采用这种方法。

第四节　混凝土坝和浆砌石坝的渗漏处理

一、混凝土坝和浆砌石坝的渗漏类型

混凝土坝和浆砌石坝是两种常见的大坝类型，它们在结构和材料上有所不同，因此在渗漏方面也存在一些差异。

（一）混凝土坝的渗漏类型

1. 渗透渗漏

混凝土坝主要面临的渗漏类型之一是渗透渗漏。这种类型的渗漏是指水分通过混凝土结构的微小孔隙和裂缝，逐渐渗透到坝体内部。混凝土坝通常会在设计和施工阶段采取一系列措施来减少渗透渗漏，如添加防水剂、采用高密实混凝土等。

2. 渗流渗漏

渗流渗漏是指水沿着混凝土坝内或外表面的通道流动，可能是由于裂缝或接缝引起的。这种类型的渗漏通常需要通过修复裂缝、填充接缝等方法来防止。

（二）浆砌石坝的渗漏类型

1. 坝体内部渗漏

浆砌石坝是由一层层石块和浆料构成，坝体内部的渗漏是一个关键问题。这可能是石块之间的缝隙或浆料的不透水性不足导致的。通常采用优化浆料配方、合适的坝体密实度和其他技术方法来减小坝体内部的渗漏。

2. 坝基渗漏

浆砌石坝的坝基渗漏可能由于坝体与坝基交接处的问题、基岩的渗透性等原因引起。在设计和施工中，需要采取措施来减小坝基渗漏，如加固基岩、使用适当的基础防水材料等。

总体而言，混凝土坝和浆砌石坝都需要在设计、施工和维护阶段采取措施来控制和减小渗漏，以确保大坝的稳定性和安全性。这可能涉及使用防水材料、进行渗透性测试、定期巡检和维修等方法。

二、混凝土坝和浆砌石坝渗漏原因及危害

混凝土建筑物渗漏的原因多种多样。即使密实的混凝土也会存在气孔和小孔隙，而在水压力的作用下，它们也会有一定的渗透性。建筑物发生渗漏通常是由于设计或施工上的缺陷或意外破坏引起的。以下是一些常见情况。

（一）施工质量问题

在坝体的砌筑过程中，若施工质量控制不好，振捣不充分，会产生局部缝隙。施工缝处理不当或不完善，也会留下施工缝。砌筑时，砂浆可能不够充实，或施工过程中砂浆不够充实，存在较多孔隙。施工时，砂浆可能过于稀薄，干缩后形成裂缝，导致坝体与坝基接触不良等。这些施工质量差引起的缝隙容易导致渗漏。

（二）防渗措施问题

设计和施工中采取的防渗措施不良，或在使用期间受到物理、化学因素的影

响，使原先的防渗措施失效或遭受破坏，从而引起渗漏。例如，帷幕破坏、伸缩缝止水结构破坏、沥青老化以及混凝土受侵蚀后抗渗性能降低，预制混凝土涵管接头处理不当，混凝土与基岩接触不良等。

（三）运行期损坏

大坝在使用过程中受到物理和化学等因素的影响，导致帷幕损坏、坝体接缝止水老化破坏、混凝土受水侵蚀导致抗渗性能下降，以及强烈地震造成的破坏等，都可能引起渗漏。

（四）坝体和坝基渗漏的主要危害

产生较大的渗透压力，甚至影响坝体的稳定；坝基和绕坝长期渗漏可能导致地基渗透变形，严重时会危及大坝的安全；影响水库的蓄水和效益发挥；长期穿坝渗漏会逐渐造成混凝土溶蚀，严重的溶蚀破坏会降低坝体的强度，危及大坝的安全；在严寒地区，渗漏溢出处易受冻融破坏。

因此，必须加强对大坝渗漏的检测和严格控制；一旦发现渗漏，应及时查明原因，分析危害，并采取相应的处理措施。

三、混凝土坝和浆砌石坝渗漏处理措施

渗漏处理的基本原则是根据渗漏的位置、危害程度和修补条件等实际情况，制定相应的处理方案。对于建筑物本身的渗漏问题，主要采用上部封堵的方法；对于基础渗漏问题，以截留渗漏为主，辅以排水措施；而对于接触渗漏或绕坝渗漏，首先需要封堵渗漏源，其次进行排水补救措施。

（一）混凝土坝坝体渗漏处理

1. 混凝土坝坝体裂缝渗漏的处理

根据裂缝发生的原因及其对建筑物的影响程度、渗漏量的大小和分布情况，可采取以下处理方法。

（1）表面处理

针对坝体裂缝渗漏，可以选择表面涂抹、表面贴补、凿槽嵌补等方法进行处

理。对于渗漏量较大但不会对建筑物正常运行造成影响的渗水裂缝，可以考虑以下导渗措施。

① 埋管导渗。首先在混凝土表面沿漏水裂缝进行凿槽，并在渗漏集中部位埋设引水铁管（引水管的数量根据渗漏情况确定）。其次，用旧棉絮沿裂缝填塞以使漏水集中从引水管排出。最后，使用快凝灰浆或防水快凝砂浆迅速回填封闭槽口，将引水管封堵好。

② 钻孔导渗。首先，通过在漏水裂缝一侧（如果是水平裂缝，则在裂缝下方）使用风钻钻取斜孔，穿过裂缝面，使漏水从钻孔中排出。其次，封闭裂缝。最后，对导渗孔进行灌浆填塞。

（2）内部处理

内部处理方法与前述裂缝内部处理的方法相同，可以采用灌浆充填漏水通道，以实现堵漏的目的。需要注意的是，有时为了确保灌浆的顺利进行或保证灌浆的可靠性，可能需要先进行裂缝上游的表面处理以堵漏，或在裂缝下游采取导渗并封闭裂缝的措施。

（3）结构处理结合表面处理

对于影响建筑物整体性或破坏结构强度的渗水裂缝，除了内部处理，有时还需要采取结构处理与表面处理结合的措施，以实现防渗、结构补强或恢复整体性的要求。结构补强的方法多种多样，必须进行专门的验算来选择最合适的方法。

2. 混凝土坝体散渗或集中渗漏的处理

混凝土坝由于蜂窝、空洞、不密实及抗渗指标不够等缺陷，从而引起坝体散渗或集中渗漏时，可根据渗漏的部位、程度和施工条件等情况，采取下列某一种或某几种方法相结合进行处理。

① 灌浆处理。灌浆处理主要用于建筑物内部密实性差、裂缝孔隙比较集中的部位。可用水泥灌浆，也可用化学灌浆。

② 表面涂抹。适用于大面积的细微散渗或水头较小的部位。可以对这些部位进行表面涂抹处理，而对面积较小的散渗可进行表面贴补处理。

③ 构筑防渗层。适用于大面积的散渗情况。常在坝体迎水面建造防渗层，

可以使用水泥浆或砂浆形式，通常需要抹5层，总厚度为12~14mm。

④ 增设防渗面板。当坝体质量差、抗渗等级低，且存在严重的大面积渗漏时，可在上游坝面增设防渗面板。通常使用混凝土材料施工，需先将水库放空，然后在原坝体布置锚筋，将原坝体凿毛、刷洗干净，最后浇筑混凝土。锚筋通常采用直径为12mm的钢筋，每平方米布置一根，混凝土强度等级一般不低于C15。混凝土防渗面板的两端和底部应深入基岩1~1.5m。一般情况下，底部厚度为上游水深的1/60~1/15，顶部厚度不少于30cm。为防止面板产生温度裂缝，应设置伸缩缝，分段进行浇筑，伸缩缝间距不宜过大，通常为15~20m，并在缝隙处设置止水措施。

⑤ 堵塞孔洞。当坝体存在集中渗流孔洞时，若渗流流速不大，可先将孔洞内稍微扩大并凿毛，再将快凝胶泥塞入孔洞中堵漏，若一次不能堵截，可分几次进行，直到堵截住为止。当渗流流速较大时，可先在洞中楔入棉絮或麻丝，以降低流速和漏水量，再行堵塞。

⑥ 回填混凝土。对于局部混凝土疏松，或由蜂窝、空洞而造成的渗漏，可先将质量差的混凝土全部凿除，再用现浇混凝土回填。

3. 混凝土坝止水、结构缝渗漏的处理

混凝土坝段间伸缩缝止水结构因损坏而发生漏水，对此可以采取以下3种修补措施。

① 补漏沥青：对于使用沥青作为止水结构的情况，可以先进行加热补漏沥青的方法，以恢复止水效果。如果补漏沥青存在困难或无效，可以尝试其他止水方法。

② 化学灌浆：可使用聚氨酯、丙凝等具有一定弹性的化学材料进行伸缩缝的灌浆处理，根据漏水情况，可以选择进行全缝灌浆或局部灌浆。

③ 补做止水：针对坝上游的止水修补，应在降低水位的条件下进行操作。可以在坝面上加设铜片或镀锌片进行补做止水。具体操作步骤如下。

第一，沿着伸缩缝中心线的两侧各凿一条宽度为3cm、深度为4cm的槽，两条槽之间的中心距为20cm，尽量保持槽口的平整和直线。第二，沿着伸缩缝凿

一条宽度为 3cm、深度为 3.5cm 的槽，并清扫干净。第三，将石棉绳放入盛有 60
号沥青的锅中，加热至 170~190℃，浸煮约 1h，使石棉绳完全浸透沥青。第四，
使用毛刷在缝内小槽上刷上一层薄薄的沥青漆，沥青漆中沥青和汽油的比例为
6：4，再将沥青石棉绳嵌入槽缝内，使其表面基本平整，与槽口面保
持 2.0~2.1cm。

（二）浆砌石坝体渗漏的处理

浆砌石坝产生渗漏的原因包括：上游防渗部分施工质量差；砌缝砂浆中存在
较多孔隙；砌筑石料本身抗渗能力较低。为了解决这些问题，一般会采取以下处
理方法。

1. 重新勾缝

当石坝的石料质量较好，仅局部区域由于施工质量差导致砌缝中的砂浆不够
饱满、存在孔隙，或者由于砂浆干缩而产生裂缝导致渗漏时，可以使用水泥砂浆
重新进行勾缝处理。一般来说，浆砌石坝的渗漏多沿着灰缝发生，因此经过认真
的勾缝处理，能够完全堵塞渗漏途径。

2. 灌浆处理

当石坝的砌筑质量普遍较差，出现大范围的严重渗漏，勾缝无效时，可以通
过在坝顶钻孔进行灌浆处理，在坝体的上游形成防渗帷幕。

3. 加厚坝体

当石坝的砌筑质量普遍较差，渗漏严重，勾缝无效，且无法进行灌浆处理
时，可以在上游加厚坝体。如果原有的坝体较薄，还可以一并加厚坝体以增强其
抗渗能力。在加厚坝体之前需要先将水库排空。

4. 增设防渗层或防渗面板

当渗漏问题严重时，可以在石坝的上游面增设防渗层或混凝土防渗面板。方
法和之前提到的混凝土坝的防渗面板做法相同。

（三）绕坝渗漏的处理

解决绕过大坝的渗漏问题，需要根据两岸的地质情况，确定渗漏原因和来源

位置，并采取相应的措施。可能的方法包括堵封上游表面或进行灌浆处理。

（四）基础渗漏的处理

处理基础渗漏问题时，针对岩石基础，若存在扬压力升高或排水孔涌水量增大等情况，可能是原有防渗帷幕失效、岩基断层裂隙扩大、混凝土与基岩接触不牢固或排水系统堵塞等原因引起的。在处理过程中，首先需要检查与相关部位有关的排水孔和测压孔的状况，其次根据原设计要求和施工情况进行综合分析，确定适当的处理方法。通常有以下 4 种方法可选择。

① 如果存在防渗帷幕深度不够或下部孔距不符合要求的情况，可对原有防渗帷幕进行加深、加密或补灌处理。

② 如果是由于混凝土与基岩接触面渗漏，可进行接触灌浆处理。

③ 如果渗漏是由垂直或斜交于大坝轴线的断层破碎带引起的，可采取帷幕加深、加厚以及固结灌浆等综合处理措施。

④ 如果是由于排水设备不畅或堵塞，可尝试疏通，必要时增设排水孔以改善排水条件。

第五节　混凝土坝表面破坏处理

一、混凝土表面破坏的形式与成因

混凝土表面破坏的形式和成因可以有多种，以下是一些常见的混凝土表面破坏形式及可能的成因。

（一）裂缝

成因：裂缝可能由于混凝土收缩、膨胀、温度变化、荷载作用、地震或基础沉降等引起。不适当的混凝土配比、施工质量不良、基础不稳定等也可能导致裂缝的形成。

（二）表面剥落

成因：表面剥落可能由于使用不当的混凝土配比、过度振捣或不足振捣、环境侵蚀（如冻融循环、盐渍化）、化学侵蚀（酸雨、化学物质）等引起。

（三）表面起砂

成因：表面起砂可能由于振捣不当、混凝土中粒径分布不均匀、过多的水泥浆体外流等引起。

（四）表面龟裂

成因：表面龟裂可能由于混凝土在早期龄期内遭受了过度干燥，或者是混凝土受到了快速的温度变化，导致龟裂的形成。

（五）酸蚀

成因：酸性环境可能导致混凝土表面发生溶解，形成坑洞和表面破坏。这可能由于酸雨、化学工业排放、某些化学物质等引起。

（六）碱骨料反应

成因：当混凝土中的碱性成分与一些含有反应性硅酸盐的骨料发生反应时，可能导致体积膨胀，最终引起混凝土的开裂和破坏。

（七）渗水引起的侵蚀

成因：水分渗透到混凝土中，可能导致混凝土中的钢筋锈蚀，引起混凝土表面的破坏。这通常与不足的混凝土保护层或不适当的防水措施有关。

（八）冻融循环

成因：在寒冷地区，混凝土表面可能由于冻融循环引起的体积变化而发生破坏。冻融循环会导致水在混凝土内部膨胀，加剧裂缝和表面剥落。

综合考虑混凝土的用途、施工质量、环境条件等因素，可以采取适当的预防和修复措施，以延缓或减轻混凝土表面破坏的发生。这包括正确设计混凝土配合比、合理控制施工工艺、进行定期维护和修复等。

二、混凝土表面破坏的修补要求

（一）表层损坏混凝土的清除方法

在清除表层损坏混凝土时，应根据损坏的部位与程度，分别选用下述方法处理。

① 人工凿除。浅层或面积较小时可以采用。

② 风镐凿除。对于损坏较深（5~50cm）、面积较大的，可以结合人工进行。

③ 小型爆破为主的爆破。对于损坏深度大于50cm且面积较大的，可采用爆破方法。对于某些不宜进行爆破作业的特殊部位，可钻排孔，用人工打楔凿除，或用机械切割凿除。

④ 膨胀剂静力剥除。这种方法是沿混凝土清除边缘用机械切割边缝，深度不超过清除厚度，再顺着清除界面钻孔并装膨胀剂。膨胀剂一般为石灰加掺和剂形成。这是一种安全、简便、高效的新型实用技术方法。在一些改造工程中使用，获得良好的效果。

（二）清除表层损坏混凝土的技术要求

在清理受损的表层混凝土时，需确保底下或周围完好的混凝土、钢筋、管道、观测设备和埋设件等不会受到破坏，同时也要保证附近的机械设备和建筑物的安全。当运用小型爆破方法进行清理时，可遵循以下技术要求来制定具体措施。

① 爆破程序：爆破作业应分阶段、分区域进行，以确保达到预期的爆破效果。爆破程序如下。

第一，切断穿过区域的钢筋和钻孔来抑制振动。

第二，拆除钢筋层。

第三，进行混凝土松动爆破。

第四，进行混凝土龟裂爆破和浅孔爆破。

第五，凿除保护层。

②布置防振孔：在清除区域内设置一排防振孔，与清除边缘相距约 30cm，孔的深度大约是爆破孔深度的 2 倍。

③处理钢筋：那些穿过清除区域和保留区域的钢筋，在爆破前必须被切断。在切断过程中，需要注意保留足够长度以备后续焊接所需。

④爆破控制：为防止爆破对相邻混凝土和建筑物产生负面影响，需要严格控制各爆破区域的孔深、孔距、最小抵抗线、装药量以及整体起爆装药量等参数，并通过试验验证。

爆破和凿除方法如下。

第一，对于距离清除边缘 1m 以外的混凝土，采用松动爆破方法。

第二，对于距离垂直面清除边缘 30～100cm 的混凝土，采用龟裂爆破切割方法。

第三，对于距离底面清除边缘 50～100cm 的混凝土，采用浅孔松动爆破，并使用引信起爆。

第四，对于距离垂直清除边缘 30cm 以内和距离底面清除边缘 50cm 以内的混凝土，采用人工或风镐凿除方法。

三、修补方法的选择和对修补材料的要求

① 针对较大修补面积和深度超过 20cm 的情况，可以选择常规混凝土（包括膨胀水泥混凝土和干硬性混凝土）、喷混凝土、压浆混凝土或真空作业混凝土来填补；对于深度在 5～20cm 的损坏，可采用喷混凝土或常规混凝土进行修复；对深度在 5～10cm 的缺陷，可以使用常规砂浆、喷浆或挂网喷浆修补；而对于深度小于 5cm 的破损，预缩砂浆、环氧树脂砂浆或喷浆可以作为修补的选择。

② 当修补面积较小，但深度超过 10cm 时，可以使用常规混凝土或环氧混凝土进行填补；如果深度小于 10cm，则可以考虑采用预缩砂浆或环氧树脂砂浆进行修复；至于深度在 5mm 左右的小凹陷缺陷，可以使用环氧石英膏进行填补。

值得注意的是，环氧材料相对于常规材料的价格较高，因此只有在修补质量要求较高的区域，或者其他材料无法满足要求时，考虑使用环氧材料。

③ 对于修补面积不大且有特殊要求的地方，可以采用钢板衬护或其他材料（如铸铁、铸石等）进行镶嵌修复，但需要确保衬护或镶嵌材料与原混凝土之间的连接牢固，并注意表面的平滑接合。

④ 除了根据损坏部位和原因提出抗冻、防渗、抗侵蚀、抗风化等特殊要求，一般情况下，砂浆和混凝土要具备高强度、耐磨损性和一定的韧性。修补的技术指标不得低于原混凝土，并且所选用的水泥强度不得低于原混凝土中所使用的水泥。一般建议使用 C40 级别以上的普通硅酸盐水泥；水灰比应尽量选择较小值，并通过试验进行确定。

⑤ 在修补因湿度变化而引起风化剥落的区域时，可以在砂浆或混凝土中加入占水泥质量约 1/10 000 的加气剂，以提高材料的抗冻性和抗渗性。需要注意的是，这样的操作会稍微降低材料的强度，因此应该控制含气量不超过 5%。

四、混凝土表层修补的其他方法

对于表层混凝土修补，除了之前提到的水泥砂浆修补、预缩砂浆修补、喷浆修补、环氧树脂砂浆修补等方法，还有其他三种方法可以考虑。

(一) 喷混凝土修补

喷混凝土的密度和抗渗能力相比一般混凝土更大，同时具有快速、高效、无需模板以及将运输、浇筑和捣固结合在一起的优点。

1. 材料与配比

根据所要求的强度、防渗性、抗冻性等进行试验确定。一般采用水泥：砂子：石子的比例为 1：2：2，水灰比为 0.4～0.45。速凝剂掺量为水泥质量的 2%～4%。

2. 修补工艺

① 喷混凝土前的准备工作与喷浆修补的准备相似。

② 喷混凝土作业：喷混凝土的喷射方法和养护方法可以参考之前提到的喷浆修补的相关内容。一次喷射的层厚一般不少于最大骨料粒径的 1.5 倍。喷射层的

间隔时间与使用的水泥品种、施工温度和速凝剂掺量有关，一般不超过前一层终凝时间。对于较大修补面积，可以考虑分区自上而下进行喷射修补。

（二）混凝土真空作业修补

真空作业是一种修补混凝土的方法，通过使用真空系统提前将混凝土中多余的水分抽出，以增加混凝土的早期强度、提高混凝土的质量，并缩短模板拆除的时间限制。

1. 真空作业的设备装置

混凝土真空作业设备有移动式和固定式两种。移动式设备可以安装在汽车或拖车上，并且主要包括真空泵、真空槽和连接器等组成部分。

2. 真空作业的技术要求

① 施工程序：首先，洗刷模板，涂抹肥皂水或石灰浆；其次，安装模板，浇筑混凝土或预填充骨料混凝土；最后，进行真空作业，拆除模板，并进行养护。

② 真空系统设备应保持严密不漏气，保持清洁，注意防止杂物和水进入真空泵内部。真空盘与混凝土表面的接触应紧密，各真空盘应该尽量靠紧。在初次抹平混凝土表面时，应使其高出设计高度 5～10mm，以保证真空作业后混凝土表面的高度与设计要求一致。真空作业后不得在混凝土表面添加水泥砂浆面层。

③ 真空模板必须安装牢固，以防止变形和漏气。每次作业时，混凝土必须浇到高出该层真空腔上缘，并充满真空腔。真空作业的吸水量应根据所要求的真空作业层厚度和水灰比降低值确定。一般真空度为 350～550mm 水银柱高度，真空槽和连接器的真空程度可以调控在较高范围内，而真空腔的真空程度可以控制在较低范围内。

④ 真空作业时间根据混凝土的密度、作业层厚度和吸水量而确定。当作业层厚度不超过 25cm 时，通常需要 15～45min；如果超过 25cm，则可延长至 50min。修补真空作业可以使用一次吸真空法或二次吸真空法。如果第一次作业后吸水量还未达到要求指标，可间隔 10 分钟后进行第二次吸真空，持

续 10～15min。

⑤ 最好在混凝土振捣抹平后的 15min 内开始进行真空作业，但最迟不应超过 30min。在真空模板中，每一层的吸真空作业必须在上一层混凝土振捣完毕后开始。如果真空作业中途因某种原因停工，停工时间应小于 30min。当气温低于 8℃时，应采取防冻措施来确保真空系统的正常运行。

⑥ 在真空作业完成后，应先拔掉吸气嘴的气管，然后停止真空泵的运行，以防止灰浆水倒灌。

⑦ 拆模时间：水平表面的模板可以在作业完成后立即拆除；对于斜面低于 40℃ 的情况，适宜的拆模时间为 2～3h；对于斜面高于 40℃ 或垂直面的情况，适宜的拆模时间为 5～24h。对于承重的真空模板，必须进行验算后确定拆模时间。

⑧ 在每次使用真空盘或真空模板后，应立即冲洗过滤布。在进行每次作业前，可以在过滤布上涂一层肥皂水、石灰浆或其他廉价材料，以防止黏结。

⑨ 在真空作业后，混凝土的养护方式与普通混凝土相同。

3. 真空作业的效果

混凝土真空作业是一种特殊的施工方法，通过在混凝土浇筑后应用真空力来提高混凝土的密实性和表面质量。当混凝土的水泥用量高于 $400kg/m^3$，水灰比低于 0.4 时，真空作业的效果会显著降低，因此不宜再使用真空作业。

① 真空作业的设备装置。混凝土真空作业设备有移动式和固定式两种。移动式设备可以安装在汽车或拖车上，主要包括真空泵、真空槽和连接器等组件。

② 真空作业的技术要求。施工程序：洗刷模板—涂抹肥皂水或石灰浆—支托模板—浇筑混凝土或预填充骨料混凝土—真空作业—拆模—养护。

真空系统设备要严密不漏气，并保持清洁，防止杂物和水进入真空泵内部。真空盘与混凝土表面要紧密接触，各真空盘应尽量靠近。在初始抹平混凝土表面时，应比设计高度高出 5～10mm（一般需要经试验确定），以保证真空作业后混凝土表面与设计高度一致。真空作业后不得在混凝土表面添加水泥砂浆面层。

真空模板必须安装牢固，防止变形和漏气。每次作业时，混凝土必须浇筑到高出该层真空腔的上缘，并将其填满。真空吸水量应根据所需的真空作业层厚度和水灰比的降低值来确定。一般真空度为 350～550mm 水银柱高度，真空槽和连接器可以在较高范围内控制，真空腔可以在较低范围内控制。

真空作业的时间取决于混凝土的密度和作业层厚度，按照吸水量确定。当作业层厚度不超过 25cm 时，通常使用 15～45min；超过 25cm 时，可延长至 50min。真空作业修补可采用一次吸真空法或二次吸真空法。如果经过第一次吸水量后仍未达到要求，可以间隔 10min 再进行第二次吸真空，持续 10～15min。

真空作业最好在混凝土振捣和抹平后的 15min 内开始，最迟不应超过 30min。真空模板的各个层次的吸水作业必须在上一层混凝土振捣完成后开始。如果在真空作业过程中停工，间断时间应小于 30min。当气温低于 8℃ 时，应采取防冻措施保护真空系统。

③ 真空作业的效果。混凝土经过真空作业后，当水泥用量大于 400kg/m³，水灰比低于 0.4 时，真空吸水的效果会大幅降低，因此不适宜继续使用真空作业。这是因为在此条件下，混凝土的自密实性已经达到一定程度，真空作业无法显著提高混凝土的质量。在这种情况下，可以采用其他的施工方法来完成混凝土工程。

（三）压浆混凝土（预填粗骨料混凝土）修补

压浆混凝土是将有一定级配的洁净粗骨料预先填入模板中，并埋入灌浆管，再通过灌浆管用泵把水泥砂浆压入粗骨料间的空隙中胶结而成为密实的混凝土。

1. 材料与配合比

① 砂。细砂是合适的选择，需要排除直径超过 2.5mm 的颗粒，最好的细度模数在 1.2～2.4。

② 粗骨料。应选用洁净的卵石或碎石，采用间断级配，最小粒径不得小于 2cm，尽量使用较大粒径的粗骨料，以降低孔隙率。通常情况下，孔隙率为 35%～40%。

③ 掺和料。添加适量的掺和料可以节约水泥，改善砂浆的可操作性，提高抗渗和抗蚀能力。常用的掺和料包括火山灰质混合材和粒状高炉矿渣等。粉煤灰

的质量应符合混凝土施工规范的要求，掺量可通过试验确定。

④ 外加剂。为了改善砂浆的性能，使用加气剂、减水剂和铝粉等外加剂，最佳掺量应通过试验确定。铝粉的掺入量为水泥与掺和料总质量的 0.0004％～0.001％。使用铝粉时，应先将其与干燥的掺和料充分混合。

⑤ 配合比。压浆混凝土的配合比设计应根据试验结果确定压浆混凝土强度与砂浆强度的关系，并根据要求的砂浆强度确定砂浆的配合比。但砂浆与胶结料的质量比不应超过 1.6。为满足施工需要，用于压浆法浇筑的混凝土砂浆应具备以下分层度和流动度指标。

第一，分层度（砂浆的分离程度）大于 2cm。

第二，流动度（砂浆的流动性）：当石子粒径为 20mm 时，流动时间为 17～22s；当石子粒径超过 20mm 时，流动时间为 22～25s。

选择适当的分层度和流动度是为了在压力下通过管道输送时，砂浆颗粒保持悬浮状态，以提高输送效率。

2. 压浆系统的布置

压浆系统的布置除了要满足压浆作业的顺利进行，还应使其移动次数最少，同时尽量缩短输浆管线的长度。

3. 压浆混凝土作业

准备工作如下。

① 设置好模板，筛选和清洗粗骨料，分层填充，并且每层的厚度不应超过 20cm，并加以夯实，以降低填充物的孔隙率。

② 在预填粗骨料的过程中，按照设计要求埋入灌浆管和观测管，并保证它们不会被填充物破坏。

③ 在压浆之前，应对管道进行压力测试，检查是否有漏水情况。

压浆作业注意事项如下。

① 砂浆的搅拌时间不应少于 3min。在开始压浆时，先压送水泥浆较多的砂浆，以润滑管道，再按照规定的配合比压送搅拌好的砂浆。

② 初次搅拌好的砂浆必须测定流动度，如果数值超过规定的范围，应进行调整。在压浆过程中，还应经常检查流动度。

③ 压浆管的布置方式应根据修补部位的形状和大小确定。可以水平穿过侧面模板放置，也可以竖直放置。当竖直放置时，压浆管距离模板不应小于 50cm，以免对模板施加过大压力。压浆管的间距和位置应根据预先试验确定，考虑到浇筑范围、压浆管的作用半径、管径、砂浆的流动性和灌浆压力等因素，一般的间距为 1.5～2.0m。

④ 当施工部位的厚度较小但面积较大，且埋设了多个灌浆管时，应根据安排灌浆的顺序进行。通常采用双线循环法，即从一端向另一端推进。开始灌浆时，第一条线和第二条线同时进行，当第一条线灌完后，第二条线仍然继续灌浆，并将第一条线的输浆管接到第三条线，同样地，当第二条线灌完后，再把输浆管接到第四条线，如此连续向前推进。

⑤ 当结构物的标高由四周向中心逐渐增高或形成斜面，且布置的灌浆管不能同时灌浆时，应先从最低部分开始逐渐向上灌浆，不得中断。

⑥ 在压浆过程中，必须测定砂浆的上升情况，并对观测结果进行详细记录。

⑦ 如果发生严重故障，例如模板破坏或设备损坏等导致工作停止时间较长，应将所有埋入砂浆中的灌浆管提升到距离砂浆面 10～15cm 的位置，并用铁钎或压缩空气等方法清理管道，将设备内的砂浆全部清空并冲洗干净。在继续压浆之前，应先压送适量的纯水泥浆（采用水灰比为 0.5），再压送砂浆，以免在自上而下灌注砂浆时在接缝处形成孔洞或麻面效应。

第六节　混凝土坝及浆砌石坝的处理

重力坝是一种由混凝土或砌石构筑组成的大体积挡水结构，其主要特点是依靠自身的重量来保持坝体的稳定性。

重力坝必须确保在受到各种外力组合的情况下具有足够的抗滑稳定性，因为抗滑稳定性不足是重力坝最危险的问题之一。一旦发现坝体存在抗滑稳定性不足或已经出现初步滑动迹象，就必须仔细查找和分析造成坝体抗滑稳定性不足的原因，并提出有效的措施及时加以处理。

一、重力坝抗滑稳定性不足的原因

据对重力坝病害和事故情况的调查分析，重力坝的抗滑稳定性不足主要是因为勘测、设计、施工和运营管理中存在以下问题。

① 在勘测过程中，对坝基地质缺乏全面和系统的分析研究，尤其是对具有缓倾角的泥化夹层不够重视。泥化夹层在泡水后，层间摩擦系数极小，软弱面的抗剪强度低，抗冲能力相对较差。如果在设计中使用过高的抗剪强度指标，当水库蓄满后受到强大的水平推力作用时，就容易导致坝体抗滑稳定性不足。例如，湖南省双牌电站坝发生的冲刷坑事故，原设计深度比实际冲刷深度浅，而地基是倾向下游的缓倾角夹层，导致坝基出现临空面，使电站大坝发生险情；后来通过采取预应力钢索锚固措施才排除了险情。

② 设计中的坝体断面过于单薄，自重不足，或者坝基扬压力增大。在水平推力作用下，上游坝址出现裂缝，进而增加了底部渗透压力，减轻了坝体的有效重量，使其稳定性不足。

③ 施工质量较差，坝基清理不彻底，开挖深度不足。这使得坝体位于强风化层之上，在水库蓄水时，由于坝基渗流造成地基软化，导致坝与地基接触面的抗剪强度减小，扬压力增大，从而使坝体不安全。

④ 管理和运营不善导致水库水位经常超过设计最高水位，甚至发生洪水漫顶，增加了坝体所受水平推力的大小。此外，管理不善还可能导致排水设备堵塞、帷幕断裂，增加了渗透压力和扬压力，降低了坝体的抗滑稳定性。

二、增加重力坝抗滑稳定性的主要措施

重力坝在承受上游水压力和泥沙压力等水平荷载时，当某一截面的抗剪能力不足以抵抗上面的水平荷载时，就会发生该截面沿水平方向的滑动。通常情况下，由于坝体与地基接触面的结合不理想，所以滑动往往会沿着坝体与地基的接

触面发生。因此，重力坝的抗滑稳定分析主要关注的是坝底面的抗滑稳定性。坝底面的抗滑稳定性与坝体所受力有关，其中包括垂直向下的坝体自重、垂直向上的坝基扬压力、水平推力以及沿坝体与地基接触面的摩擦力等作用力。

（一）减少扬压力

扬压力对重力坝的抗滑稳定性有重要影响，因此减少扬压力是增加坝体抗滑稳定性的主要方法之一。一般情况下，采取两种主要方法来降低扬压力：加强防渗和加强排水。

加强防渗可以通过采取补强帷幕灌浆或补做帷幕等措施来加强坝基的防渗能力。这些措施能够明显减少扬压力的作用。

加强排水也是减少扬压力的重要方法。除了对坝基上游部分进行补强帷幕灌浆，还应该在帷幕下游部分设置排水系统，增加排水能力。排水系统通常采用排水孔的形式，排水孔的排水效果与孔距、孔径和孔深等因素有关。常用的孔距为2～3m，孔径为15～20cm，孔深为帷幕深度的40％～60％。如果原有的排水孔由于泥沙堵塞等原因无法正常排水，可以采取高压水冲孔或使用钻机进行清扫，以恢复其排水能力。

（二）增加坝体所受铅直向下力

增加坝体所受的铅直向下力也是一种重要方法。目前采用的措施包括加大坝体剖面和预应力锚索加固。加大坝体剖面可以在上游面或下游面增加剖面面积，从而增加坝体的自重。增加上游剖面不仅可以增加坝体的自重和垂直水重，还能改善坝体的防渗条件。但是该方法可能需要降低库水位或修筑围堰等工程措施。而加大下游剖面施工较为简单，但只能利用坝体自重的增加部分，不能充分利用水重，也不能改善防渗条件。因此，对于加大坝体剖面的选择需要进行抗滑稳定性计算，并注意新旧坝体之间的结合。预应力锚索加固是另一种增加坝体所受铅直向下力的方法。通过在坝顶钻孔并穿入钢锚索，并通过对锚索施加预应力来增加坝体内部和坝体与坝基之间的压力，从而增加坝体的抗滑稳定性。预应力锚索加固已在世界范围内成功应用于60多座大坝。预应力锚索加固特别适用于具有深层夹层和坚硬完整岩石坝基的情况。对于抗倾覆预应力锚索加固，通常在上游部分锚固效果较好，锚固力可以产生很大的抗倾覆力矩，从而增加坝体的稳定性，并改善坝体和坝基中的应力分布状态。

(三) 提高软弱夹层的抗剪强度指标

根据一些工程试验的结果显示，软弱夹层在抗剪强度方面非常低，因此，提高抗剪强度是增加坝体抗滑稳定性的重要措施。根据软弱夹层的深浅程度，可以采取不同的方法来应对。

1. 软弱夹层较浅

通常可以采用换基法，即清除表层软弱夹层，然后重新填充混凝土来增加抗剪强度。

2. 软弱夹层中浅

可以采取综合措施，如浅层明挖和深部位灌浆相结合的方法。通过浅层明挖清除部分软弱夹层，并进行深部位的灌浆加固，以增加整体抗剪强度。

3. 软弱夹层埋藏较深

由于换基工作量较大，可以考虑开挖几排孔洞，然后在孔洞中填充混凝土进行加固。这种方法可以减少换基的工作量，同时增加整体的抗剪强度。

此外，还可以利用坝踵深齿切断软弱夹层，将滑动面下移到坚硬的岩基中，以增加坝体的稳定性。

(四) 减小水平推力

在减小水平推力的方法中，控制水库运用和在坝体下游面加支撑是常用的两种方法。

控制水库运用主要适用于存在病险水库度汛或水库设计标准偏低的情况。对于病险水库，可以通过降低汛前调洪起始水位来减小库水对坝体的水平推力。对于设计标准偏低的水库，可以通过改建溢洪道、增大泄洪能力以控制水库水位，从而减小水平推力，同时保持坝体的稳定。

在坝体下游面加支撑可以将坝体上游的水平推力通过支撑传递到地基上，从而减少坝体所受的水平推力，并增加坝体的重力。支撑的形式可以包括在溢流坝下游设立护坦钻孔设桩、非溢流坝的重力墙支撑和钢筋混凝土水平拱支撑等。具体选择何种支撑形式要根据建筑物的形式和地质地形条件进行决策。

通过补强灌浆和加大坝体断面常用的两种有效措施来增加坝体的抗滑稳定性。补强灌浆可以加固坝基，通过补做帷幕措施来减少扬压力，从而降低水平推力。加大坝体断面可以增加坝体的自重，从而减小水平推力的作用。

在实际情况中，选用何种抗滑稳定的措施需要因地制宜，根据具体的工程要求和地质条件进行综合考虑和决策。有时候也需要采用多种措施的综合应用来确保坝体的抗滑稳定性。

第四章　水利工程水闸的养护与管理

第一节　概　　述

一、水闸的组成和工作特点

(一) 水闸的类型

水闸是一种水利工程设施，通过控制闸门的开启和关闭来调节水位和控制水流的流量。它具有双重功能，既可以挡住水流，又可以释放水流。水闸通常与其他水利设施如堤坝、船闸、鱼道、水电站和抽水站等相结合，形成水利枢纽，以满足防洪、灌溉、排涝、航运及发电等水利工程的需求。

1. 根据水闸的任务分类

① 进水闸：建造在河道、湖泊岸边或渠道的渠首。用于引水灌溉、发电或其他供水需求。在灌溉系统中，进水闸通常建在干渠以下的各级渠道渠首，将上一级渠道的水引入下一级渠道。根据位置的不同，进水闸也分为分水闸（位于下一级渠首）和斗门、农门（位于斗渠、农渠渠首）。

② 节制闸：在河道或渠道上建造，用于调节水位。在枯水期，节制闸可以提升水位以满足上游取水和航运的需求；而在洪水期，节制闸用于控制下泄流量，确保下游河道的安全。如果节制闸是用于拦截河流的，也被称为拦河闸。在灌溉系统中，节制闸通常建在支渠分水口下游，用于提升闸前水位，满足支渠引水时的要求。

③ 冲沙闸（排沙闸）：常建在多泥沙河道上的引水枢纽或带有节制闸的分水

构筑物末端。其作用是排除进水闸或节制闸前河道或渠道中的泥沙积淤，减少引水过程中含沙量的影响。

④ 分洪闸：为减少洪水对下游的威胁，在泄洪能力不足的河段或上游河岸的适当位置建造的闸门。在洪峰期间开启分洪闸，将部分洪水分泄到湖泊、洼地等滞洪区域，待外河水位下降后，再通过排水闸流回原河道。

⑤ 排水闸：多建造在靠近江河沿岸的排水渠道末端，用于排除河道两岸低洼地区的积水。在外河水位上涨时，可以关闭闸门以防止洪水倒灌，避免洪灾；而在外河水位下降时，则打开闸门以排水防止涝害。排水闸具有双向挡水的特点。

⑥ 挡潮闸：建造于河流入海口的河段，用于防止海水倒灌。挡潮闸还可用于提升内河水位，满足灌溉的需要，并在退潮时排除内河感潮河段两岸的积水。带有航道孔的挡潮闸可在平潮时开启以便通航。

2. 根据闸室的结构形式分类

① 开敞式水闸：闸室上方没有填土，是开放的结构。胸墙式和无胸墙式是开敞式水闸的两种形式。当上游水位变化范围较大，但过闸流量不是很大时（挡水位高于泄水位），可采用胸墙式。进水闸、挡潮闸和排水闸通常采用这种形式，而对于有泄洪、通航、排冰或需要穿木材要求的水闸，则常采用无胸墙的开敞式水闸。

② 涵洞式水闸：水闸建设在河堤（或渠道）之下，闸室顶部被填土封闭，形成涵洞式水闸。涵洞式水闸的适用条件与胸墙式水闸基本相同。根据水力条件的不同，涵洞式水闸分为有压式和无压式两类。

3. 根据最大过闸流量分类

水闸根据其能够处理的最大过闸流量进行分类。

大型水闸（型号一）：最大过闸流量不小于 $5\,000\mathrm{m}^3/\mathrm{s}$。

大型水闸（型号二）：最大过闸流量在 $1\,000\sim5\,000\mathrm{m}^3/\mathrm{s}$。

中型水闸：最大过闸流量在 $100\sim1000\mathrm{m}^3/\mathrm{s}$。

小型水闸（型号一）：最大过闸流量在 $20 \sim 100 \mathrm{m}^3/\mathrm{s}$。

小型水闸（型号二）：最大过闸流量小于 $20 \mathrm{m}^3/\mathrm{s}$。

这些分类方法可以根据水闸的不同特点与功能需求进行选择和归类。

（二）水闸的组成

开敞式水闸的基本结构分为闸室段、上游连接段和下游连接段三个部分。

1. 闸室段

闸室是水闸的核心部分，包括底板、闸墩、闸门、胸墙、工作桥和交通桥等。底板是水闸的基础，承受来自水闸的荷载，并通过底板与地基之间的摩擦力保持水闸的稳定。闸墩用于分隔闸孔，支撑闸门和上部结构。闸门用于阻挡水流和控制下泄水量。工作桥和交通桥用于提供人员操作和连接两岸的通行。

2. 上游连接段

上游连接段的主要功能是引导水流平稳地进入闸室，同时起到防冲、防渗和挡土的作用。包括上游翼墙、铺盖、护底、上游防冲槽和护坡等部分。上游翼墙用于引导水流平稳地进入闸室，并防止土壤冲刷和侧向渗透。铺盖主要起到防渗作用，并兼有防冲作用。护底和护坡用于保护河岸和河床免受冲刷的影响。上游防冲槽主要用于保护护底的头部，防止河床冲刷向上游发展。

3. 下游连接段

下游连接段的主要作用是平稳引导下泄水流进入下游河道，同时具有消能、防冲和防止渗透破坏的功能。包括消力池、海漫、下游防冲槽、下游翼墙和护坡等。消力池是消除水流剩余能量的关键设施，同时具有防冲作用。海漫进一步消除水流余能、扩散水流，并调整流速分布，以避免河床冲刷。下游防冲槽用于防止海漫末端的冲刷向上游发展。下游翼墙的作用是引导过闸水流均匀扩散，并保护两岸免受冲刷。在海漫和下游防冲槽范围内，需要砌筑护坡来防止冲刷。

（三）水闸的工作特点

水闸在软土地基上建造较多，主要由于地基条件不理想、作用水头低且变幅大。这些因素使水闸具有与其他水工建筑物不同的工作特点，主要体现在抗滑稳定性、防渗、消能防冲和沉降等方面。

1. 易产生滑移失稳

当水闸关闸挡水时，上下游之间会形成较大的水头差，产生水平推力，可能导致水闸沿着基础滑向下游。为了保持稳定，水闸必须具有足够的重力。

2. 容易发生渗透变形

由于上下游水位差的作用，水会透过地基和两岸土壤向下游渗流，从而引起水量损失。在渗流的作用下，闸基和两岸土壤可能发生渗透变形，严重时甚至会导致闸基和连接建筑物的土壤被冲刷空洞，危及水闸安全。渗流对闸室和连接建筑物的稳定性不利。因此，必须采取合理的防渗排水措施，尽量减小闸底的渗透压力，防止闸基和土壤发生渗透变形，确保水闸具有抗滑和抗渗的稳定性。

3. 容易引起冲刷

水闸泄水时，由于上下游水位差的作用，过闸水流速度和动能较大，并且流态复杂。而土质河床的抗冲能力较差，容易发生冲刷。此外，水闸在泄水时闸下游常常出现波状水跃和折冲水流，进一步加剧对河床和岸坡的冲刷。因此，除了确保闸室具有足够的过水能力，还必须采取有效的消能和防冲措施，减少或消除过闸水流对下游河床和岸坡的有害冲刷。

4. 易产生较大的沉降

水闸建在松软土基上时，由于土壤的较大压缩性，闸室在自重和其他荷载的作用下往往会发生较大的沉降。当闸室基底压力分布不均匀，或相邻结构的基底压力差异较大时，会产生不均匀沉降。过大的地基沉降会影响水闸的正常使用，严重时甚至会导致闸室倾斜或断裂。因此，水闸必须具备合理的结构形式和构造设计，采取合理的施工程序和地基处理措施，以减小地基的不均匀沉降。

二、水闸失事的原因

根据水闸的工作特点，水闸在使用过程中可能出现多种失事情况。主要的破坏形式包括以下四种。

（一）地基不均匀沉陷引起的断裂

由于水闸建在松软土基上，土壤的压缩性使得闸室结构容易发生不均匀沉陷。这种不均匀沉陷会导致混凝土结构发生断裂，从而破坏水闸的稳定性。

（二）地基渗透变形引起的破坏或失稳

上下游水位差引起水流通过地基和两岸产生渗流，而渗流作用下地基土壤会发生渗透变形。这种渗透变形可能导致闸基和两岸连接建筑物的土壤被淘空，危及水闸安全，同时也对闸室和连接建筑物的稳定性产生不利影响。

（三）闸门启闭机失灵

闸门是水闸的重要部件，若闸门启闭机失灵，无法正常进行开闭操作，可能导致水闸无法控制水流，造成泄洪或倒灌等情况，进而对水闸结构造成破坏。

（四）消能防冲效果不好引起的冲刷破坏

水闸开闸泄水时，过闸水流具有较大的流速和动能，容易对下游河床和岸坡产生冲刷作用。如果水闸的消能防冲措施不好，无法有效降低水流的冲击力，会导致河床和岸坡被破坏。

第二节　水闸的养护维修

水闸工程的土建部分与各种坝一样，由混凝土、浆砌石、土石料等构成，其土建部分的养护维修工作与坝体基本相同，不再重复。本节着重介绍与水闸自身特点有关的养护维修和操作运用工作。

一、水闸的操作运用

（一）闸门启闭前的准备工作

1. 严格执行启闭制度

第一，水闸管理部门应按照控制运用计划和主管部门的指示，由技术负责人确定闸门的运用方式和启闭次序，并按规定程序进行执行。管理部门应详细记录主管部门的指示。

第二，操作人员接到启闭闸门的任务后，应迅速做好各项准备工作。

第三，如果闸门开启后，其泄流或水位变化对上、下游有危害或影响时，必须事先通知相关单位，做好准备，以避免不必要的损失。

2. 认真进行闸门启闭前的检查

第一，水闸在启闭运行前需要对闸门、启闭设备、电器设备等关键部位进行检查，与日常维护的检查内容有所不同。

第二，运行前的检查侧重于确保水闸能够安全、及时地启闭，启闭设备和供电设备符合运行要求，重点是安全方面的检查。

第三，检查上、下游管理范围和安全警戒区域内是否有船只、漂浮物或其他施工作业，并进行必要的处理。

第四，观察上、下游的水位和流态，并核对流量与闸门开度是否匹配。

第五，检查闸门启闭状态是否正常，是否有杂物卡阻；闸门是否歪斜，门槽是否堵塞。

第六，在寒冷地区，冬季启闭闸门前需要特别注意检查闸门活动部分是否存在冻结现象。

第七，检查启闭闸门所使用的电源或动力系统是否存在故障；检查电动机是否正常运行，相序是否正确；检查机电安全保护设施和仪表是否完好。

第八，检查机电传动设备和高速运转部件（如变速箱等）的润滑油是否符合要求。

第九，检查牵引设备是否正常运行，例如钢丝绳是否有锈蚀或断裂，螺杆是否弯曲变形，吊点的连接是否牢固。

第十，检查液压启闭机的油泵、阀门、滤油器是否正常运行，确保油箱中的油量充足，并检查管道和油缸是否存在漏油问题。

（二）闸门操作运用的原则

第一，工作闸门可以在流水情况下开闭，船闸的工作闸门应在静水情况下开闭。

第二，检修闸门一般在静水情况下开闭。

（三）闸门的操作运用

（1）闸门操作运行应符合以下要求

① 过闸流量应与上、下游水位相适应，使水跃发生在消力池内。根据实测的闸下水位-流量关系图表进行操作。

② 过闸水流应平稳，避免发生集中水流、折冲水流、回流、漩涡等不良流态。

③ 关闸或减少过闸流量时，避免下游河道水位迅速下降。

④ 开闸或关闸过程中，避免闸门停留在振动的位置。

⑤ 涵洞式水闸闸门运行时，应避免洞内长时间处于明满流交替状态。

（2）多孔水闸的闸门运行应符合以下规定

① 按设计要求或运行操作规程进行开闭，如果没有专门规定，应同时均匀开闭；如果不能同时开闭，则应先从中间孔向两侧对称开启，再从两侧向中间孔对称关闭。

② 当多孔挡潮闸的下游河道淤积严重时，可以开启单孔或少数孔的闸门进行适度冲淤，同时加强观测，防止消能防冲设施受到损坏。

③ 双层孔口或上、下扉布置的闸门，应先开启底层或下扉的闸门，再开启上层或上扉的闸门，关闭时顺序相反。

（3）闸门操作应遵守以下规定

① 按照操作程序，由持有上岗证的人员进行操作。

② 在进行电动、手摇两用启闭机的人工操作之前，应先断开电源；在闭关时，严禁松开制动器使闸门自由下落；闸门操作结束时，应立即取下摇柄或断开离合器。

③ 有锁定装置的闸门，在启闭闸门之前应先打开锁定装置。

④ 两台启闭机同时启闭一扇闸门时，应严格控制保持同步。

⑤ 在闸门启闭过程中，如果发现超载、卡阻、倾斜、杂音等异常情况，应

立即停车检查并处理。

⑥ 液压启闭机在启闭闸门达到预定位置但压力仍然升高时，应控制油压。

⑦ 当闸门接近最大开度或关闭接近底部时，应注意及时停车，卷扬启闭机可以使用点按关停，螺杆启闭机可以手动关闭；如果发现闸门有关闭不严密现象，应查明原因并进行处理，严禁强行顶压螺杆启闭机。

闸门运用应填写工作日志，记录以下内容：开闭依据、操作时间、操作人员、开闭顺序、闸门开度和历时、启闭机运行状态、上下游水位、流量、流态、异常或事故处理情况等。

采用自动监控的水闸应按照设定程序进行操作，并保留操作记录。

二、水闸的养护维修

定期维护水闸工程，确保其处于良好状态、设备完好、操作灵活。水闸的维修涉及常规修复和定期修复（或称为年度修复）工作，不包括除险加固或改建施工。根据项目的复杂性和紧急程度，有时也会进行大修和抢险工作。

大修指的是技术水平较高、工程量较大的维修工程，有时可能需要进行加固工作；抢险是指在紧急防汛期或突发事件发生时立即进行的维修，包括建筑物的险情、设备（设施）故障或损坏等情况。

由于水工建筑物的养护和维修之间的界限不容易明确，一般将不会影响建筑物安全的局部破损修复列为养护工作的范畴。对于多孔水闸，如果局部修复的工程量较大或技术复杂，养护工作难以安排，可能会被归类为维修工作。

（一）水闸工程的维修养护规定

① 遵循"经常养护、及时维修、养修并重"的原则，对发现的缺陷和问题应及时进行保养和局部维修，以确保工程和设备处于良好状态。

② 根据工作内容和费用的不同，水闸工程的维修养护可以分为养护和维修。

③ 维修工程应按照以下程序进行：检查评估、编制维修方案（或设计文件）、实施、验收。

④ 在工程发生事故时，应按照预案组织抢修工作。同时还应向上级主管部

门报告，并可组织专家会商，评议抢修方案。

⑤ 维修项目完成验收合格后，应对相关资料进行归档。

（二）水闸中的混凝土和砌石工程养护工作规定

① 经常保持建筑物表面的清洁和完整，避免积水和杂物的堆积。

② 及时清理和疏通建筑物或构件的排水沟和排水孔，确保排水畅通。

③ 及时修复建筑物局部的破损。

④ 及时清理闸门前积存的漂浮物。

⑤ 在寒冷地区，应经常检查并修复防冻胀设施。

（三）防渗、排水设施以及永久缝维修养护

① 对于铺盖出现局部冲蚀、冻胀损坏，应及时进行修补。

② 消力池、护坦上的排水井（沟、孔）或翼墙、护坡上的排水管道应保持通畅。如果反滤层淤塞或失效，应重新设立排水井（沟、孔、管道）。

③ 对于永久缝填充物出现老化、脱落、流失的情况，应及时进行补充和封堵。对于沥青井的井口（出流管、盖板等），应进行常规的保养，并根据规定进行加热和补充沥青。对于永久缝的处理，应根据所处位置、原有止水材料以及承压的水头选用相应的修补方法。

（四）水闸地基及两岸防护工程维修养护

① 在岩基上的水闸中，必须防止基岩或基础与基岩接触面发生渗漏。如果出现渗漏，通常采用灌浆的方法进行处理。

② 对于土基上的水闸，需要注意防止下游渗流出口段渗透坡降超过允许值的情况。如果发生超过限值的渗透坡降，可以采取延长渗径的措施降低渗透坡降，或提高地基出口容许出溢坡降等方法进行处理。

③ 对于软土地基上的水闸，需要加强结构刚度和地基加固等措施，以防止最大沉降量或相邻位置的最大沉降差超过允许值。

④ 当水闸基础下存在液化土层或存在潜在液化危险的区域时，可以采用基础灌浆、板桩围封等措施进行控制。

⑤ 在水闸的两岸，应在高水位一侧采取有效的防渗措施，在低水位一侧采取排水措施，以防止侧向绕渗发生。

⑥ 当挡土墙出现墙体倾斜、滑动迹象，或经过验算抗滑稳定不满足要求时，应采取相应的措施进行控制和处理。

（五）闸门的维修养护

1. 门叶的维修养护

① 经常清理面板、梁系及支臂，保持清洁。

② 定期检查构件连接螺栓，确保完好、紧固、配齐。处理腐蚀问题。

③ 处理闸门运行中的振动问题，采取有效措施消除或减轻。

④ 门叶构件不能有变形、强度不足或刚度不够的现象，及时更换或补强。

⑤ 定期检查门叶的焊缝，发现开裂应及时补焊。

⑥ 经常检查防冰冻构件，确保其良好状态。

2. 行走支承装置的维修养护

① 定期清理行走支承装置，保持清洁。

② 经常拆卸清洗滚轮、支铰轴等部位，更换新油，防止油孔、油槽堵塞。

③ 及时修补或更换易磨损的部件，如轴销、轮轴、滚轮、滑块等。

④ 吊耳、吊杆及锁定装置的维修养护。

⑤ 定期清理维护吊耳、吊杆及锁定装置，确保其不变形、无裂纹、无开焊。

⑥ 当轴销、连接螺栓、受力拉板或撑板有裂纹、磨损或腐蚀量超过 10％时，应更换。

3. 止水装置的维修养护

① 定期清理止水装置，清除杂草、冰凌或其他障碍物。

② 拧紧或更换松动锈蚀的螺栓，保证止水装置不漏水。

③ 注意保持止水橡胶带处于正常使用状态，定期调整修复变形或磨损的橡胶带。

④ 针对不同类型的止水装置，采取适当防老化、防腐或防锈蚀措施。

4. 埋件的维修养护

① 定期清理门槽，保持清洁。

② 当埋件局部变形、脱落时，进行局部更换。破损面积超过 30％时，应全部更换。

③ 当止水座板出现蚀坑时，可涂刷树脂基材料或喷镀不锈钢材料整平。

5. 钢闸门的防腐要求

① 如果采用喷涂涂料保护的钢闸门出现防腐蚀层裂纹、生锈鼓包、脱落、起皮、粉化等问题，应进行修补或重新防腐。

② 在进行修补或重新防腐时，应选择与原涂料性能相匹配的涂料。

③ 对于采用涂膜—牺牲阳极联合保护的钢闸门，如保护电位不合格，可进行重焊、更换或增补牺牲阳极。

(六) 启闭机的维修保养

为了确保启闭机的正常运行，需要对其进行定期的维修保养工作。以下是一些注意事项。

1. 卷扬式启闭机的维修保养

① 定期清洁启闭机的表面，确保连接件牢固可靠。

② 保持制动器的灵活性和可靠性，定期清洗、加油和更换油液。

③ 定期清理和涂脂保护钢丝绳，并确保钢丝绳固定部件紧固可靠。对于双吊点启闭机，钢丝绳两吊轴的高差不能超过规定标准。

④ 当钢丝绳的断丝数目、直径或拉力超过规定值时，需要及时更换。同时，缠绕在卷筒上的预绕圈数应符合设计要求。

⑤ 保持滑轮组的润滑和清洁，确保无裂纹、损伤和磨损现象，同时要确保钢丝绳没有卡阻或偏磨现象。

⑥ 注意检查机架的焊缝，确保没有裂纹、脱焊或虚焊现象。对于机架（门架）及无机房的启闭机护罩，需要定期进行防腐处理。

2. 液压启闭机的维修保养

① 经常检查液压油箱的油位，保持在允许范围内。吸油管和回油管的位置应保持在油面以下。

② 如果液压管路出现焊缝脱落或管壁裂纹，或者液压系统有滴漏、冒气等现象，需要及时修理或更换相关部件。

③ 定期检查活塞环、油封是否出现断裂、变形或严重磨损的情况，空气干燥器和液压油过滤器的部件失效时，也需要及时更换。

3. 螺杆式启闭机维修养护

① 定期清理螺杆，并涂脂保护。

② 螺杆的直线度超过允许值时，应矫正调直并检修推力轴承；修复螺杆螺纹擦伤，及时更换厚度磨损超限的螺杆螺纹。

③ 承重螺母螺纹破碎、裂纹及螺纹厚度磨损超过允许值时，保持架变形、滚道磨损点蚀、滚体磨损的推力轴承均应及时更换。

(七) 电气设备的维修养护

变压器、高低压配电设施、闸门启闭机运行控制系统、柴油发电机组、防雷接地设施、水闸预警系统、防汛决策支持系统、办公自动化系统及自动化设施、照明系统、通信、监控及其他设施等应定期检查，保持其完好，处于可用状态；不满足要求的应及时修复或更换。

第三节 水闸病害的处理

水闸在使用过程中会出现裂缝、渗漏、冲刷、磨损和空蚀等常见问题。水闸病害的处理与其他建筑物相似，首先需要根据损坏部位和现象，分析破坏的原因，并采取有效措施来改变或消除引起破坏的因素，并对破坏的部位进行修复。

一、水闸裂缝的处理

修复水闸混凝土裂缝时需要考虑裂缝的位置和环境，选择适当的修补材料和施工工艺，根据裂缝的深度、宽度和结构的工作性能进行修补。以下是五种常见的处理方法。

（一）闸底板和胸墙的裂缝与处理

水闸底板和胸墙往往具有较小的刚度和较差的适应地基变形能力，容易受地基不均匀沉陷的影响而产生裂缝。此外，混凝土强度不足、温差过大或施工质量差等因素也可能导致闸底板和胸墙出现裂缝。

处理这些裂缝时，首先，需要采取措施处理地基问题，增加地基的稳定性。一种方法是卸载，即减小闸门结构的重量，如将后方填土的边墩改为空箱结构，或拆除添加的交通桥等。这种方法适用于具备卸载条件的水闸。另一种方法是加固地基，常用的方法是对地基进行补强灌浆，增加地基的承载能力。其次，对于由于混凝土强度不足或施工质量差而引起的裂缝，主要应对结构进行补强处理。最后，处理水闸混凝土和浆砌石结构裂缝可参考处理混凝土和浆砌石坝裂缝的相关方法。

（二）翼墙和浆砌石护坡的裂缝与处理

翼墙裂缝通常是由于地基不均匀沉陷或墙后排水设备失效引起的。对于由地基不均匀沉陷引起的裂缝，首先需要采取减载措施稳定地基，其次对裂缝进行修补处理。如果排水设施失效导致裂缝，首先需要修复排水设施，其次修补裂缝。对于浆砌石护坡裂缝，通常是由于填土不实造成的，严重的情况下可能需要进行整修。

（三）护坦的裂缝与处理

护坦裂缝主要由于地基土被渗流淘刷流失而引起的不均匀沉陷以及温度应力过大和底部排水失效等原因。对于由地基不均匀沉陷引起的裂缝，可以加固地基或待地基稳定后，在该裂缝上设止水，将裂缝改为沉陷缝。对于温度裂缝，可以采取补强措施进行修补，而底部排水失效时，应先修复排水设备，然后对裂缝进行处理。

（四）钢筋混凝土的顺筋裂缝与处理

顺筋裂缝是挡潮闸在沿海地区普遍存在的一种病害。顺筋裂缝会导致混凝土剥落和钢筋锈蚀，从而降低结构的强度。顺筋裂缝的产生通常是因为海水渗入混凝土并降低了其碱度，破坏了钢筋表面的氧化膜，使海水直接接触钢筋产生电化学反应导致钢筋锈蚀。锈蚀引起的体积膨胀导致混凝土顺筋开裂。

修补顺筋裂缝的过程一般包括凿除保护层沿缝，清理混凝土表面 2cm 的钢筋周围混凝土，彻底除锈和清洗钢筋表面，涂抹一层环氧基液在钢筋表面，涂抹环氧树脂胶在混凝土修复面上，然后填充修补材料。修补材料应具备抗硫酸盐、抗碳化、抗渗、抗冲击、高强度和良好的黏结力等特性。常用的修补材料包括铁铝酸盐早强水泥砂浆和混凝土、抗硫酸盐水泥砂浆和细石混凝土、聚合物水泥砂浆和混凝土、树脂砂浆和混凝土等。

（五）闸墩及工作桥的裂缝与处理

水闸使用时间较长时，闸墩和工作桥往往会出现许多细小裂缝，严重时会有混凝土剥落现象。这主要是由混凝土的碳化引起的。混凝土的碳化是指空气中的二氧化碳与混凝土中的游离氢氧化钙反应，产生碳酸钙和水，降低混凝土的碱度，破坏钢筋表面的氢氧化钙保护膜，使混凝土失去对钢筋的保护作用，从而导致钢筋锈蚀、混凝土膨胀和裂缝形成，严重时还可能导致混凝土疏松和剥落。

处理这种问题通常包括锤击除锈钢筋、对面积较大的锈蚀部位加设新的钢筋，然后采用预应力砂浆进行加固并添加防锈剂。预应力砂浆应具备抗硫酸盐能力、抗碳化能力、抗渗透能力、抗冲击能力高以及高强度和良好的密实性等特性。预防混凝土碳化的方法在各种类型的混凝土建筑物中都有应用。预防混凝土碳化可以根据建筑物所处的地理位置、周围环境选择合适的水泥品种、耐酸性的骨料、适宜的配合比、适量的外加剂、高质量的原材料、科学地搅拌和运输、及时地养护，并采用环氧基液涂层保护等工艺措施。

二、消能防冲设施的破坏及处理

水闸消能防冲设施的破坏可以由多种原因引起，包括设计、施工、管理等方面。主要问题可能包括外形尺寸设计不合理、消能效果不佳、地基处理不当、施工质量不好、泄水时控制不当等。在处理破坏时，需要先分析查找破坏的原因，再有针对性地采取相应的措施和方法进行修理，以改善水流条件并防止再次破坏。

（一）护坦和海漫的冲刷破坏与处理

对于护坦和海漫的冲刷破坏，可以进行局部补强处理，如增设一层钢筋混凝土防护层，以提高其抗冲能力。为防止海漫破坏导致护坦基础被淘空，可以在护坦末端增设钢筋混凝土防冲齿墙。对于岩基上的水闸，可以采用挑流消能的方式，在护坦末端设置鼻坎来将水流挑至较远处，以确保护坦及闸室的安全。对于软基上的水闸，可以在护坦末端设置尾槛，减小出池水流的底部流速和能量，从而减轻对海漫的冲刷，并防止海漫基础被淘空和破坏。

土工织物作为排水反滤材料，已在闸坝等水利工程中得到广泛应用。它具有抗拉强度高、整体性好、重量轻、耐久性好、储运方便，质地柔软，具有排水、防冲、加筋土体等功能，施工简单、速度快、施工质量容易控制，造价低等优点。应用较多的土工织物有涤纶、锦纶、丙纶等。由于合成类型、制造方法不同，各种织物在力学和水力性质方面有一定的差异。根据制造方法，土工织物可分为纺织型和非纺织型两种。

在选择土工织物时，需要对土工织物的物理特性、力学特性、水力学特性及耐久性等都要详细了解并且通过质量检测合格才可以使用。

（二）下游河道及岸坡的破坏与处理

当前情况下，河道水深不足，消力池无法产生足够的水上抬力，导致下泄水流会冲刷出较远的距离，对河床造成冲刷作用。同时，上游河道流态不良导致过闸水流主流偏斜，引起折冲水流，冲刷岸坡。此外，水闸下游的翼墙扩散角设计不合理也会产生立轴旋涡等现象，对河道和岸坡造成冲刷。

处理河床冲刷破坏可以采用类似海漫冲刷破坏的处理方法。对于河岸冲刷问题，可以根据产生原因确定相应的处理措施。例如，在过闸水流主流偏向的一侧修建导水墙或丁坝，也可以通过改善翼墙扩散角或加强管理措施来解决问题。

近年来，在岸坡护坡工程中广泛采用土工织物，尤其是模袋混凝土。模袋混凝土可以在水下直接施工，无需修建围堰或排水设施。模袋混凝土施工完成后能够抵抗较大的流速冲刷。模袋使用双层聚合纤维合成材料织成，具有较大的厚度和高强度。在模袋内注入混凝土或水泥砂浆，借助压力膨胀成形，固化后形成具有抗侵蚀能力的护坡结构。在土壤和模袋之间不需要额外设置过滤层。

三、水闸渗漏的处理

水闸渗漏问题可分为结构本身渗漏、闸基渗漏和侧向绕渗等，处理时采用高防低排原则。具体方法包括在高水位一侧设置防渗设施拦截渗流或延长渗流路径，而在低水位一侧采取排水措施以排出渗流，降低渗透压力和减小渗透变形。这种方法综合了防渗与排水的措施。

（一）结构本身渗漏的处理

处理结构本身渗漏时，如果是由混凝土结构裂缝引起的渗漏，可以采用表面涂抹、表面贴补、凿槽嵌补、喷浆修补等表面处理措施。对于影响建筑物整体性或结构强度的渗水裂缝，除了进行内部处理，还需要采取结构补强措施。当闸身结构缝损坏引起渗漏时，应清除缝内的堵塞物或老化沥青，并进行橡胶带止水或金属片止水的修补。处理方法类似于混凝土坝结构缝的处理。如果结构缝内仅填有沥青止水，因为沥青老化或缺乏沥青而发生漏水时，可以进行加热补充沥青的修补。

对于使用充填弹性树脂基砂浆或弹性嵌缝材料处理混凝土裂缝时，修补施工需要满足以下要求。

首先，在水闸结构的缝隙处，通过凿槽形成"V"形槽，槽的上口宽度为50～70mm，槽的深度应超过缝隙端部150mm，并清除其中的杂物，确保槽内清洁。

其次，若裂缝存在渗水或漏水情况，首先使用快速止水砂浆进行堵漏处理。

再次，在槽的两侧表面涂刷胶黏剂，并将弹性树脂基砂浆或弹性嵌缝材料填充到槽中。

最后，使用聚合物水泥砂浆回填槽，使其与原混凝土表面齐平。

当使用嵌填嵌缝材料处理水闸的永久缝隙渗漏时，修补施工应遵循以下要求。

首先，在迎水面沿着缝隙凿槽，形成上口宽度为50～60mm的"V"形槽，清除其中的杂物和失效的止水材料，并确保槽内干净。

其次，若缝隙宽度大于10mm，应在缝内填塞沥青麻丝；若缝隙宽度不超过10mm，则可以在缝隙口放置木条或塑料条等隔离物。

再次，在槽的两侧表面涂刷胶黏剂，并将橡胶类、沥青基类或树脂类弹性嵌缝材料填充到槽中。

最后，使用弹性树脂砂浆回填槽，使其与原混凝土表面齐平。

当采用锚固橡胶或金属片材处理混凝土永久缝隙时，修补施工应符合以下要求。

第一，可选择橡胶带、紫铜片、不锈钢等片材作为止水材料，当进行局部修补时，应确保止水材料的衔接良好。

第二，在迎水面沿着永久缝隙两侧等宽度进行凿槽，总宽度约为400mm，槽深度为70～80mm。

第三，沿着缝隙两侧打孔并冲洗干净，预埋锚栓以供使用。

第四，清除缝隙内的杂物，并填塞沥青麻丝（若缝隙狭窄，则可放置塑料或木棒等隔离物）。

第五，安装橡胶垫条，并在其之间骑缝填充弹性密封材料（橡胶类、沥青基类、树脂类均可）。

第六，在锚栓上安装止水片材（如橡胶、紫铜、不锈钢等），安装钢压条，并拧紧螺帽以加压。

第七，在槽内回填弹性树脂砂浆，使其与原混凝土表面齐平。

第八，若永久缝隙不适合凿槽处理，则仅需沿缝隙凿出上口宽度为40～50mm的小槽，并最后使用聚合物水泥砂浆进行封闭覆盖，其他步骤与凿槽施工相同。

（二）闸基渗漏的处理

闸基渗漏常常导致渗透变形，直接影响水闸室的稳定性。处理闸基渗漏的首要任务是确定渗水原因并查明渗水来源，在此基础上采取有效的措施进行修复。以下是常用的处理方法。

1. 延长或加厚闸底板防渗层

对于已经受损或防渗性能不佳的闸底板防渗层，可以进行重新回填修复，增加其长度和厚度，从而提高防渗能力。

2. 及时修补止水结构

对于连接闸底板、翼墙、岸墙和边墩等部位的止水结构受损的情况，应及时修复，确保整个防渗系统的完整性。

3. 封堵渗漏通道

常见的渗漏通道是闸底板、防渗层与地基之间的空隙，可以采用水泥浆等材料封堵渗漏通道，防止渗漏造成渗透变形和闸室不稳定。

4. 增设或加固防渗帷幕

对于建在岩基上的水闸，如果基础存在裂缝或较为破碎，可以在闸底板首端增设防渗帷幕，或者加固原有的防渗帷幕，以增强防渗能力。

（三）闸侧绕渗的处理

当上游边坡的防渗设施和接缝止水受损时，上游水可能会绕过刺墙通过边坡后的填土渗漏到下游，渗流在土体中产生较大的渗透压力和变形，导致下游边坡破坏，甚至引发翼墙倒塌等事故。

处理水闸侧向绕渗问题的原则是上防下排。可采取以下防渗措施。

1. 维护岸墙、翼墙和接缝止水

定期检查和维护岸墙、翼墙和接缝止水的防渗效果，确保其良好工作状态。

2. 开挖回填修复防渗结构

对于受损的防渗结构部位，可以进行开挖回填修复，重新加固以确保其防渗性能。

3. 增设刺墙

如果原先没有刺墙，可以考虑增设刺墙来阻止侧向绕渗流动，但在施工过程中要严格控制施工质量。

4. 补做止水结构

对于受损的接缝止水结构，应进行补做止水处理，以提高防渗能力。

四、空蚀和磨损的处理

在建设于多泥沙河流上的水闸中，不可避免地会发生磨损现象。如果闸室底板和护坦的磨损是由于设计引起的，可以通过改进水闸的结构布置进行解决。例如，某些水闸由于在护坦上设置了消力墩而导致立轴漩涡，漩涡会夹带砂石长时间在一定范围内旋转，造成护坦的磨损甚至磨穿。在这种情况下，可以废弃消力墩，将尾槛改为斜面或流线型，使池内的砂石随水流顺势带向下游，从而减轻对护坦的磨损。

对于那些结构布置难以改变的部位（如闸室底板），可以采用抗蚀性能良好的材料进行护面或修补，这也可以取得良好的效果。有许多磨损修补材料可供选择，如环氧材料、高标号混凝土等，具体的选择可以参考已建成工程的经验，并根据具体部位和磨损状况来确定。

五、软土地基的管涌和流土处理

在软土地基上建设水闸时，由于地基土颗粒细小，容易发生管涌和流土等渗透变形现象，这往往会导致消能工的沉陷破坏，严重时可能会发生断裂和冲毁。这种破坏通常是由防渗排水效果不好、渗透路径长度不足或下游反滤层失效等引起的。因此，除了修复沉陷破坏的部位，还需要采取措施防止地基发生管涌和流土。

首先，需要加强防渗措施，可以通过加长或加厚上游黏土铺盖来实现；对于因上游黏土铺盖破坏导致渗透路径长度不够的情况，可以挖除并重新修筑，加深或增设截水墙，以增加防渗长度。其次，需要加强排水和反滤措施，在结构物下合理设置反滤层等，确保有效排水和土壤过滤，从而防止渗透变形的发生。

六、防腐处理闸门

保护闸门（包括拦污栅）及其埋件等结构免受腐蚀是一个重要的任务。

（一）钢闸门的防腐处理

由于钢闸门常在水中或干湿交替的环境中工作，容易受到腐蚀，而这会加速其破坏并引发事故。为了延长钢闸门的使用寿命，并确保其安全运行，必须定期进行防护措施。

钢铁的腐蚀通常可分为化学腐蚀和电化学腐蚀两类。化学腐蚀是指钢铁与氧气或非电解质溶液作用而引起的腐蚀，而电化学腐蚀是指钢铁与水或电解质溶液接触形成微小腐蚀电池而引起的腐蚀。钢闸门通常遭受的腐蚀多属于电化学腐蚀。

钢闸门的防腐蚀措施主要包括涂料保护和电化学保护两种方法。涂料保护是在钢闸门表面涂上覆盖层，形成薄膜来隔绝金属与水、空气的接触。电化学保护则是通过提供适当的保护电能，使钢结构表面成为一个整体阴极以实现保护。

在进行钢闸门防腐蚀之前，首先需要对其表面进行预处理，包括清除氧化皮、铁锈、焊渣、油污、旧漆以及其他污物。其次，处理后的表面要求无油脂、无污物、无灰尘、无锈蚀、干燥以及无失效的旧漆等。

常用的钢闸门表面处理方法包括人工处理、火焰处理、化学处理和喷砂处理。人工处理是通过人工刮除锈和旧漆，工艺简单但劳动强度大、工效低、质量较差。火焰处理是利用燃烧将油脂和旧漆碳化清除，以及通过热膨胀使氧化皮崩裂、铁锈脱落。化学处理则利用溶剂和化学反应来除漆，并使用酸与锈蚀产物进行除锈。喷砂处理是利用高速喷嘴将砂粒冲击和摩擦金属表面以除锈、除漆。

综上所述，钢闸门的防腐蚀措施通常是采用涂料保护和电化学保护相结合的方法，并根据具体情况对表面进行适当的预处理，选择合适的处理方法进行防腐蚀处理。

1. 涂料保护

涂料涂装于物体表面，形成一层具有保护、装饰和特殊功能的薄膜材料。除了油漆，涂料还包括其他种类。涂料保护是最古老且仍然被广泛采用的防腐方法之一。涂料保护层可以隔离钢铁、电解质溶液和空气，防止腐蚀发生和发展。

涂料一般分为底漆和面漆两种，它们相互配合使用。底漆主要起到防锈的作用，应具有良好的附着力和封闭性，阻止水和氧气渗入。面漆主要用于保护底漆，并具有一定的装饰功能，应具备耐腐蚀、耐水、耐油和防污等性能。选择涂料时，还要考虑其与被覆材料的适应性，包括与被覆材料表面的匹配、涂料层间的匹配、与施工方法的匹配以及与辅助材料（如稀释剂、固化剂、催干剂等）的匹配。在实际工程中，根据实际情况选择适合的涂料，提高施工质量，以确保防腐效果。有些钢闸门由于涂料选择不当，在经过防腐处理后，有效保护期仅为1～2年，需要重新处理。

涂料保护的施工方法一般有刷涂和喷涂两种。刷涂是使用刷子将涂料刷在钢闸门表面。这种方法的工具设备简单，适用于构造复杂或狭小的工作面。

喷涂是利用压缩空气将涂料通过喷嘴喷成雾状覆盖在金属表面上，形成保护层。喷涂工艺具有施工效率高、涂层均匀、便于施工的优点，适用于大面积的施工。喷涂施工需要使用喷枪、储漆罐、压缩空气机、过滤器和软管等设备。

涂料保护一般需要涂刷3～4遍，其保护时间一般为10～15年。

2. 喷涂保护

喷涂保护是指在钢闸门表面喷涂一层活泼金属（如锌、铝）来实现保护作用，将钢铁与外界隔离。同时，喷涂保护还具有牺牲阳极保护阴极的特性。喷涂保护可以采用电喷涂和气喷涂两种方法，而水工钢闸门及其他钢结构通常采用气喷涂方式。

实施气喷涂保护需要一些设备，包括压缩空气系统、乙炔系统和喷射系统等。常用的金属材料有锌丝和铝丝，而锌丝是较为常见的选择。

气喷涂的工作原理是，金属丝通过喷枪传动装置以适当的速度经过喷嘴喷出。乙炔系统通过加热将金属丝热熔，再借助压缩空气的作用，将熔化的金属形成微粒状的喷雾，喷射到部件表面，从而形成一层金属保护层，实现对钢闸门的防腐保护。

3. 外加电流阴极保护与涂料保护相结合保护直流电源

外加电流阴极保护是一种电化学防腐蚀措施。其方法是利用钢闸门与辅助电极（如废旧钢铁）作为电解池的正负极，通过连接直流电源，使辅助电极成为阳极，钢闸门成为阴极。在电流的作用下，辅助电极发生氧化反应而被消耗，而阴极发生还原反应从而得到保护。在通电后，阴极表面开始接受电子供应，其中一部分电子被水中的还原物质吸收，而大部分电子会在阴极表面积聚，使其表面电位逐渐降低。电位越低，防护效果越好。当钢闸门在水中的表面电位达到$-850mV$时，基本上不会生锈，这个电位值被称为最小保护电位。在使用外加电流阴极保护时，需要消耗大量的保护电流。为了节约能源，可以采用联合保护措施，将其与涂料一同使用。

（二）钢丝网水泥闸门的防护处理

钢丝网水泥闸门是由多层叠加的钢丝网与浇筑高强度水泥砂浆构成的，具有重量轻、造价低、易于预制、弹性好、强度高、抗震性能优异等优点。钢丝网水泥结构完好无损时，钢丝网与钢筋被碱性物质如氢氧化钙包围，钢丝与钢筋会在碱性环境中生成氢氧化铁保护膜，从而在一定程度上防止钢丝网和钢筋的腐蚀。因此，为了确保钢丝网水泥闸门的完整性和保护效果，在施工中通常会采用涂料进行防护处理。在涂抹防腐涂料前，钢丝网水泥闸门还需要进行表面处理，常见的方法是通过酸洗处理，以使砂浆表面达到洁净、干燥、轻微粗糙的要求。常用的防腐涂料包括环氧材料、聚苯乙烯、氯丁橡胶沥青漆和生漆等。为确保涂层质量，通常需要涂抹2～3层涂料。

（三）木闸门的防腐处理

在水利工程中，一些中小型工程常使用木闸门。木闸门在阴暗潮湿或湿润与干燥交替的环境中工作，容易受到霉烂和虫蛀的影响，因此需要进行防腐处理。常用的防腐剂包括氟化钠、硼铬合剂、硼酚合剂和铜铬合剂等，这些防腐剂能够毒杀微生物和菌类，达到防止木材腐蚀的目的。施工方法包括涂刷法、浸泡法和热浸法等。在进行防腐处理之前，木材需要进行烘干处理，以便使防腐剂易于吸附和渗透到木材内部。为了彻底封闭木材的空隙，隔绝木材与外界的接触，在防腐剂处理后，通常会在木闸门表面涂上油性调和漆、生桐油、沥青等材料，以防止腐蚀的发生。

第五章　水利溢洪道的养护与管理

第一节　概　述

溢洪道是水库枢纽中的主要建筑物之一。它承担着宣泄洪水，保护工程安全的重要作用。

溢洪道可以与拦河坝相结合，做成既能挡水又能泄水的溢流坝式；也可以在坝体以外的河岸上修建溢洪道。当拦河坝的坝型适于坝顶溢流时，采用溢流坝式是经济合理的；当拦河坝是土石坝时，大多数都采用河岸溢洪道；在薄拱坝或轻型支墩坝的水库枢纽中，当水头高、流量大时，也以河岸溢洪道为主；在重力坝的水库枢纽中，河谷狭窄、布置溢流坝和坝后电站有矛盾，而河岸又有适于修建溢洪道的条件时，一般也考虑修建河岸溢洪道。因此，河岸溢洪道的应用比较广泛。

一、河岸溢洪道的类型及特点

由于正槽溢洪道和侧槽溢洪道的整个流程是完全开敞的，故又称为开敞式溢洪道。井式溢洪道和虹吸式溢洪道称为封闭式溢洪道。

（一）直线式溢洪道

直线式溢洪道是一种常见的安装形式，其中泄水槽与堰的水流方向保持一致。它具有水流平滑、超泄能力强、结构简便、运行安全可靠的特点。在水利工程中通常称为河岸溢洪道，适用于各种不同水头和流量条件。当水利枢纽附近有适宜的马鞍形垭口和有利的地质条件时，直线式溢洪道是最合适的选择。

（二）侧边式溢洪道

侧边式溢洪道的特点是水流经过溢洪堰后需要转 90°，然后流入下游的泄水槽中。由于水流在侧边式溢洪道中的紊动和撞击比较强烈，并且溢洪道位于坝头附近，直接关系到大坝的安全性。侧边式溢洪道适用于坝址两岸地势较高、岸坡较陡的中小型水库。

（三）井式溢洪道

井式溢洪道是由进水喇叭口、渐变段、竖井和泄水隧洞等组成。进水喇叭口是一个环形的溢流堰，水流经过堰后通过竖井和泄水隧洞流入下游。井式溢洪道的建设成本较低，适用于岸坡陡峭、地质条件良好、地形条件合适的情况。但是井式溢洪道的缺点是水流条件复杂，超泄能力较低，因此在我国的应用相对较少。

（四）虹吸式溢洪道

虹吸式溢洪道由具有虹吸效应的弯管和位于水位以下的进口部分（通常称为遮檐）组成。在水库正常高水位以上，设有通气孔。当上游水位超过正常高水位时，通气孔被淹没，水流从弯管顶部溢出，再通过挑流坎下泄出去，实现自动泄水。当水库水位下降到通气孔以下时，由于进入空气，虹吸作用自动停止。虹吸式溢洪道的优点是能够敏捷地自动调节水位，但其构造复杂、超泄能力较弱且易堵塞，因此在实际应用中较少使用。

（五）紧急溢洪道

在某些重要的水库中，除了平时使用的正常溢洪道，还有紧急溢洪道。紧急溢洪道是一种重要的防坝措施，仅在发生特大洪水时，正常溢洪道无法承载，水库水位即将溢出时才会启用。最常见的紧急溢洪道类型是自溃式紧急溢洪道。自溃式紧急溢洪道分为漫顶溢流自溃式和导流自溃式两种形式。

漫顶溢流自溃式紧急溢洪道由自溃坝（或堤）、溢流堰和泄槽组成。自溃坝位于溢流堰的顶部，坝体在被水浸泡后会自然坍塌，露出溢流堰的顶部，通过溢流堰控制泄洪流量。自溃坝在平时起到挡水的作用，当水库水位达到一定高度并浸泡坝体时，坝体应能迅速坍塌以进行泄洪。因此，自溃坝的材料通常选择无黏性细沙土，压实程度不高，易被水流漫顶冲毁。当溢流前缘较长时，可以设置隔墙将自溃坝分成若干段，各段的坝顶高程应有所差异，形成分段紧急启用的布置方式，以满足库区发生不同频率和规模的洪水时的泄洪要求。

二、正槽式溢洪道的组成及各部分作用

正槽式溢洪道一般由引水渠、溢流堰（控制段）、泄水槽（陡槽段）、消能设施及尾水渠五部分组成。

（一）导流渠道

导流渠道的目的是将水库的水引导到溢流堰前。最好将导流渠道在平面上布置为直线。进口处可以做成喇叭形，使水流逐渐收缩。靠近溢流堰处的末端应设置渐变过渡段，以防止在堰前出现涡流和横向坡降，从而影响水流的能力。渐变段通过堰前的导流墙来实现，导流墙的长度可取堰顶设计水位的 5～6 倍。导流墙的顶部应比最高水位高出一定距离。

如果受到地形和地质条件的限制且必须在导流渠道上弯曲时，弯曲半径应不小于渠底宽度的 4～6 倍，并且应尽量保证在堰前有一段直线段，以确保水流正向进入堰区。

为了尽量缩短导流渠道的长度，如果可以使溢流堰直接面对水库，则不需要引水渠道，只需在堰前区域设置一个喇叭形的进口即可。

导流渠道的横断面应具有足够的尺寸，以降低流速并减小水头损失。通常，渠道内的流速应控制在 1～2m/s，最大不宜超过 4m/s。导流渠道的两侧边坡应根据稳定的坡度确定，并且最好进行衬砌，以减小糙率并防止冲刷。导流渠道的纵断面应设计为平底或具有较小的底坡。当溢流堰为实用堰时，在溢流堰处，渠道底部的高程应低于堰顶设计水头的 50%。

（二）溢流堰

溢流堰是溢洪道的关键部分，其作用是控制水库的水位和下泄流量，因此也

称为控制堰或控制段。溢流堰的位置是溢洪道纵向断面的最高点。在平面上，通常将其设置在坝轴线附近，以方便上坝交通的布置。

常用的溢流堰类型有宽顶堰和实用堰。实用堰有多种断面形式，在溢洪道中常采用 WES 堰和驼峰堰。

（三）泄水槽

泄水槽是开敞式溢洪道的一个重要组成部分，它的布置是否合理，关系到能否使水流安全泄往下游。泄水槽的特点是坡陡、流急。槽内水流的流速高、紊动剧烈、惯性力大，对边界条件的变化非常敏感。如果边墙稍有偏折，就要引起冲击波，对下游消能不利。如槽壁不平整时，极易产生空蚀破坏。

泄水槽在平面上应尽量等宽、直线、对称布置，尽量避免转弯或变断面，以使水流平顺。但有时为减少开挖量，常在泄水槽首端设收缩段，末端设置扩散段。有时由于地形、地质条件的原因，必须设置弯曲段。无论是收缩段、扩散段还是弯曲段，都必须有适宜的轮廓尺寸。

泄水槽的纵坡，通常根据地形、地质条件确定。为使水流平顺和便于施工，坡度变化不宜太多。坡度由陡变缓，泄水槽极易遭到动水压力的破坏，应尽量避免。如果采用由陡变缓的连接形式时，应在变坡处用反弧连接，反弧半径应不小于 8～10 倍的水深。当坡度由缓变陡时，应在变坡点处用抛物线连接，以免产生负压。

泄水槽的横断面应尽可能做成矩形并加衬砌。当地基为坚硬岩基时，可考虑不衬砌。土基上的泄水槽可以做成梯形，但边坡不宜太缓，以免水流外溢。泄水槽的衬砌必须光滑平整、止水可靠、排水畅通、坚固耐用。岩基上的中小型工程，可用浆砌条石或块石衬砌；大中型工程和土基上的泄水槽通常采用混凝土衬砌。泄水槽的衬砌上应设伸缩缝将衬砌分为块状，以防裂缝的产生。岩基上缝的间距一般采用 6～12m，土基上可采用间距 15m 或更大。缝内做止水，防止高速水流钻入底板，将底板掀起。缝应做成搭接式或榫槽式。底板的排水设备，一般设在纵、横伸缩缝的下面，渗水由横向排水集中到纵向排水内排入下游。岩基上的横向排水设备通常是在岩面上开挖沟槽而成。沟槽尺寸一般为 30cm×30cm，沟内填不易风化的碎石，上面用混凝土板或沥青油毛毡等盖好，以防堵塞。纵向排水设备也可在沟槽内埋碎石，但通常是在沟内放置缸瓦管，直径一般为 10～20cm，管的接口不封闭，以便渗水进入管内。管的周围填满块石，顶部盖好，再浇筑混凝土。为了排水通畅可靠，纵向排水至少应有两条以上。土基上或较差的岩基上，常在底板下面设置约 30cm 厚的碎石垫层，形成平面排水。如为黏土地基，应先铺一层 20～50cm 的砂砾垫层，垫层上再铺碎石排水层；或在砂砾垫层中做纵、横排水管，管周做反滤层。

泄水槽边墙的构造，与底板基本相同。边墙的横缝间距和底板一致，缝内设止水，其后设排水并与底板下的横向排水管连通。为排水顺畅，在排水管顶部设置通气孔。边墙的断面形式根据地基条件和泄水槽横断面形状确定，可以是衬砌式或挡土墙式。泄槽两侧应设平台，以利交通。

（四）消能装置和出水渠

泄洪道的消能装置通常有两种类型，分别是底流消能和挑流消能。底流消能适用于地质条件较差或泄洪道出口距离水坝较近的情况。而挑流消能则适用于地质条件较好或挑流冲刷不会影响建筑物安全的情况，这是泄洪道中常见的消能形式。

尾水渠用于平稳地将经消能后的水流释放到原始河道中。尾水渠通常利用自然山槽或河沟，并在必要时进行适当整理。当地形条件良好时，尾水渠可能会很短，甚至可以直接进入原始河道。在布置尾水渠时，应尽量使其短且直，同时尽量减少对农田的占用。尾水渠的底坡应尽量接近下游原始河道的平均底坡。

第二节　溢洪道的检查与养护

一、溢洪道的检查观测

（一）溢洪道检查的内容

对溢洪道进行检查时应注意以下事项。

① 检查引水渠是否出现坍塌、崩岸、淤堵或其他阻水情况，同时观察水流状况是否正常。

② 检查内外侧边坡是否有冲刷、开裂、崩塌或滑移等迹象，还要关注护面结构和支护结构是否存在变形、裂缝或错位现象，同时观察岸坡地下水露头是否正常，以及表面排水设施和排水孔是否正常工作。

③ 检查堰顶、闸室、闸墩、胸墙、边墙、溢流面和底板是否存在裂缝、渗水、剥落、冲刷、磨损、空蚀等现象，还要检查伸缩缝和排水孔是否处于良好状态。

④ 检查消能工是否存在冲刷、磨损、淘刷或积聚砂石、杂物等现象，同时观察下游河床和岸坡是否出现异常冲刷、淤积和受到风浪冲击破坏等情况。

⑤ 检查工作桥是否存在不均匀沉陷、裂缝、断裂等现象。

⑥ 检查闸门是否出现变形、裂纹、脱焊、锈蚀或损坏现象，同时观察门槽是否卡堵、受到气蚀等情况，还应检查闸门的启闭是否灵活，开度指示器是否清晰准确，止水设施是否完好，吊点结构是否牢固，栏杆、螺杆等是否存在锈蚀、裂缝或弯曲等现象。此外，还要检查钢丝绳或铰链是否出现锈蚀、断丝等情况。

⑦ 检查启闭机能否正常工作，制动、限位设备是否准确有效，电源、传动、润滑等系统是否正常运行，同时观察启闭操作是否灵活可靠，备用电源和手动启闭是否可靠。

(二) 溢洪道检查的方法和要求

1. 检查方法

① 常规检查方法包括观察、听觉、触摸、嗅觉和步行等直接感知方式，也可辅以锤子、钻子、钢卷尺、放大镜等工具，对工程表面和异常现象进行检查。对于安装了视频监控系统的溢洪道，可以利用视频图像进行辅助检查。

② 特殊检查方法可以采用开挖探坑（或槽）、探井、钻孔取样或孔内电视、向孔内注水试验，投放化学试剂、潜水员探摸或水下摄影或录像等方式，对工程内部、水下部位或基础进行检查。在条件允许的情况下，还可以使用水下多波束

等设备对库底淤积、岸坡崩塌堆积体等进行检查。

2. 检查要求

① 日常巡视检查人员应当稳定不变，检查时应携带必要的辅助工具、记录笔和簿记，并且还可携带照相机、录像机等设备。

② 在汛期高水位情况下进行巡查时，建议采用多人列队进行拉网式检查，以防遗漏。

③ 进行年度巡视检查和特别巡视检查时，应制定详细的检查计划，并做好以下准备工作：安排水库调度，为检查输水、泄水建筑物或进行水下检查创造条件；做好电力安排，为检查工作提供必要的动力和照明；排干检查部位的积水，清除检查部位的堆积物；安装或搭设临时交通设施，便于检查人员行动和接近检查部位；采取安全防范措施，确保检查工作、设备和人身安全；准备好所需的工具、设备、车辆或船只，以及测量、记录、绘图、照相和录像等物品。

（三）泄水建筑物的水力学观测

泄水建筑物的水力学观测包括压力、流速、流量、水面线、消能、冲刷、振动、通气、掺气、空化空蚀、泄洪雾化等项目的观测。

1. 压力

压力观测分为时均压力观测与脉动压力观测。当泄水建筑物进出口水位差超过 80~100m 时，应进行压力观测。压力观测点应能反映过水表面压力分布特点，宜布置在以下部位。

① 闸孔中线，闸墩两侧和下游。

② 溢流堰的堰顶、下游反弧及下切点附近以及相应位置的边墙等处。

③ 过水边界不平顺及突变等部位，如闸门门槽下游边壁、挑流鼻坎、消力墩侧壁等。

④ 水舌冲击区、高速水流区及掺气空腔等。

观测方法：一般时均压力可用测压管、压力表进行测量；瞬时压力和脉动压力可采用压力传感器测量。

进行压力观测时，应同时记录工程的运行情况，如库水位、闸门开度、流量等，并分析各物理量之间的相关关系。

2. 流速

流速观测点的布置应根据水流流态、掺气及消能冲刷等情况确定。宜布置在建筑物进水口、挑流鼻坎末端、反弧段、溢流坝面、渠槽底部、局部突变处、下游回流及上下游航道等部位。

① 流速可采用浮标、流速仪、毕托管等进行观测。

② 浮标测速法适用于观测水流表面流速。浮标的修正系数应事先确定。观测浮标的方法有目测法、普通摄影法、连续摄影法、高速摄影法，以及经纬仪立体摄影法和经纬仪交会测量法等。

流速仪测速法应符合以下规定。

第一，当流速不超过 7m/s 时，可采用超声波流速仪或超声波流速剖面仪进行测量。

第二，当流速较低时，可采用旋杯式和旋桨式流速仪进行测量。

第三，毕托管测速法通过测量传感器的动水压力和静水压力之差测量流速。

3. 流量

在需要对泄水建筑物的流量进行复核时，应进行流量观测。流量的测量方法应根据建筑物特点、尺寸、水头、流量、测量精度和现场条件等因素确定。

流量测量断面应布置在水流平稳的位置。对于固定测流断面，应将断面布置在稳定地段，而临时测流断面可根据泄水建筑物的具体情况确定。

观测可用水文测验方法或直接在各种泄水建筑物上进行观测。

直接观测法分为以下 4 种情况。

① 当泄流量不超过 $0.02 \sim 10 \text{m}^3/\text{s}$ 时，可采用容积法测量流量。

② 对于规则断面，可利用流速仪测量断面的流速分布，以确定过流流量。

③ 当水库库容较小、进库流量比较稳定且水位—库容曲线较陡时，可采用水库容积法估算流量。

④ 当流速不超过 7m/s 时，可采用断面流速仪法测量流量。

4. 水面测量

对于水面测量，重点是观测溢洪道、挑射水舌轨迹以及水跃波动等情况。以下是4种常用的观测方法。

① 溢洪道水面可以使用直角坐标网格法、水尺法或摄影法进行测量。

② 挑射水舌轨迹可以使用经纬仪来测量水舌的出射角、入射角和厚度，也可以使用立体摄影测量平面扩散等参数。

③ 水跃的长度和形态可以通过在两岸设置水位计或水尺来进行测量，也可以通过摄像或拍照的方式进行记录。

④ 对于水位波动较大的区域，建议沿着观测路径设置一定数量的波高仪，以准确反映水位在建筑物运行期间的变化过程和特征。

5. 消能观测

消能观测包括水流形态的测量和消能率的计算。在分析消能率时，应在下游河段选择相对稳定的区域设置测量断面，根据测量断面的水位和流量来推算消能率。

① 底流消能观测需要注意以下三点。

第一，重点关注水流从急流状态转变为缓流状态时水面产生的水跃现象，包括水跃的长度、跃前和跃后的水深，以及水跃的形态和流速等参数。

第二，测量水跃的长度、跃前和跃后的水深可以使用设置在侧墙上的方格网、水尺组、压力传感器或波高仪等设备进行。

第三，在消力池中流速大于15m/s时，应观测消能设施和底板是否发生空蚀现象。

② 挑流消能观测需要注意以下三点。

第一，挑流消能观测可以分为挑流测量和水垫消能测量两部分。

第二，挑流测量包括测量水舌的剖面轨迹和平面扩散范围，以及观测碰撞挑流的撞击位置。

第三，在水流跌落至下游尾水后，应观测水舌的入水位置、平面水流的流态、激溅水体的影响范围，以及水面波动和雾化强度等情况。

6. 侵蚀

侵蚀观测的重点应为溢流面、闸门下游底板、侧墙、溢流能量消耗工、辅助能量消耗工、能量消耗池以及泄水建筑物下游尾水渠和护坡底部等处的侵蚀状况。水面上的侵蚀可以直接进行目测和量测；水下部分可以采用抽干检查法、测深法、压气沉箱检测法和水下摄像检查法等。

局部侵蚀观测应测定侵蚀坑的位置、深度、形态和范围等。在采用抽干检查法时，还应对受侵蚀的岩石节理裂隙、断层等情况进行描述记录。对于采用面流、坡流等能量消耗工的情况，应检查观测易受旋滚和带砂侵蚀的鼻坎齿槽以及与其他建筑物接触的位置，并详细记录侵蚀的位置、范围、深度，绘制平面图和剖面图。

在溢洪道下游应根据基础条件和泄流条件，选择若干有代表性的纵横断面，测量淤积物的分布范围、厚度和组成。

7. 振动

泄水时容易产生振动的区域，如闸门段、导墙、溢流厂房顶部面板等，应进行振动观测。振动观测主要分为动力特性观测和振动响应观测两类。

振动测点应布置在能够反映结构整体和主要部件（或位置）动态响应的位置上，如闸门结构的主纵梁、主横梁和面板等。振动观测仪器主要包括加速度计、速度传感器、位移传感器、力传感器、应变片和信号放大器等。

8. 通风

通风观测的主要内容包括泄水管道的工作闸门、事故闸门、检修闸门、掺气槽坎，以及泄洪洞的补气洞和水电引水管道下游快速闸门处通风管道的通风情况。

通风量可以根据测量断面的平均风速进行计算。通风风速可以使用皮托管法、风速仪法等方法进行测量。

9. 掺气浓度观测

掺气观测可以分为两部分：水流表面自然掺气和掺气设施的强制掺气。自然掺气的观测内容包括沿程水深的变化和掺气浓度分布。掺气设施的观测内容包括掺气空腔内的负压、掺气坎后掺气空腔的长度、水舌落点附近的冲击压力以及沿程底部水流的掺气浓度分布。

在进行掺气浓度观测时，需要在掺气设施后的空腔末端及其下游设置观测断面。断面的数量取决于水流条件、掺气设施的类型和尺寸等因素。同时进行水位、流量、流速和压力等观测是必要的。

测量水中的掺气量可以使用以下两种方法。

① 测量过水断面的掺气水深，并与不掺气水深进行比较，以确定断面的平均掺气量。

② 测量沿水深方向的掺气量，以确定沿水流方向不同点的掺气浓度和底部的掺气浓度。近壁水流掺气浓度可以使用电阻法来测量，也可以使用取样法、测压管法、气液计时法和同位素法等方法。

10. 空化观测

空化观测的主要内容包括空化噪声和分离区的动水压强。进行空化观测的条件包括以下 6 点。

① 水流速度大于 30m/s，且最小水流空化数不大于 0.3。

② 安装了新型的掺气减蚀设施或消能工程。

③ 水流边界和水流特性发生突变的位置。

④ 空化观测点应该设置在可能发生空化水流的空化源附近，如泄水建筑物的闸门槽、反弧段、扩散段、分岔口、差动式挑坎、辅助消能工等对水流产生扰动的部位。

⑤ 在进行空化观测时，需要确保空化源与空化噪声测点之间的传声通道畅通，避免气流隔离空化源和空化噪声测点。可以使用水下噪声测试仪来观测空化现象。

⑥ 对于可能发生空化水流的泄水建筑物，应进行空蚀观测。空蚀观测的主要内容包括空蚀部位、空蚀坑的平面形状、特征尺寸和空蚀坑的最大深度。空蚀破坏可以使用目测、摄影、拓模等方法进行测量。

11. 泄洪雾化观测

在溢洪道下游的两岸岸坡、开关站、高压电线出线处、发电厂房等受泄洪雾化影响的部位应该设置观测点,进行雾化观测。泄洪雾化可以使用雨量计等工具进行测量。

二、维护溢洪道的措施

确保水库的安全泄洪是至关重要的。大多数软水库的溢洪道泄水并不经常使用,有些可能几年甚至十几年才会用到一次。由于大洪水的出现具有随机性,必须每年都准备好应对可能的大洪水,需要将工作重点放在日常维护上,以确保溢洪道可以正常运行。

① 检查水库的集水面积、库容、地形地质条件以及水和沙量等规划设计基本数据,按照设计要求的防洪标准验证溢洪道的过流尺寸。如果过流尺寸不符合要求,必须采取各种措施解决问题。

② 检查挖掘断面尺寸,确保溢洪道的宽度和深度是否达到设计标准。观察汛期过水时是否达到设计的过水能力,每年汛后检查各组成部分是否存在淤积或坍塌堵塞等现象。此外,还需要检查拦鱼栅和交通桥等建筑物对溢洪道的过水能力是否有影响。如果检查中发现问题,必须及时采取措施进行处理。

③ 定期检查溢洪道建筑物的结构情况,包括闸墩、底板、胸墙和消力池等结构是否存在裂缝和渗水现象。还要关注陡坡段底板是否受到冲刷、淘空和气蚀等问题的影响。如果发现问题,必须及时采取措施进行修复。

④ 需要密切关注溢洪道的消能效果。消能效果的好坏直接关系到工程的安全。在消力池方面,需要观察水跃的产生情况。在挑流消能方面,需要关注鼻坎挑流的水流是否会冲刷坝脚,以及可能导致冲刷坑深度扩大的问题。

⑤ 确保控制闸门的日常维护工作得到妥善执行,以确保闸门能够正常工作。

⑥ 严禁在溢洪道周围进行爆破、取土或修建无关建筑。同时,需要清除溢洪道周围的漂浮物和可能影响泄洪的杂物,还需要禁止在溢洪道上堆放重物。

第三节　溢洪道的病害处理

溢洪道建筑物通常采用混凝土结构，其结构物的破坏原因有很多。这里重点介绍溢洪道因高速水流引起的病害及处理方法。对于其他原因引起的破坏，可根据破坏的原因，采用前面所讲的有关措施和方法加以处理。

一、动水压力引起的底板掀起及处理

溢洪道在泄水时，由于坡陡流急，陡槽段水流比较快速，不仅冲击陡槽段的边墙，造成边墙冲毁，威胁溢洪道本身的安全。而且由于泄槽段内流速大，流态混乱，再加上底板不平整，止水不良，高速水流钻到底板以下而又不能及时排除，就会造成上下压差，底板在脉动和压差的作用下掀起破坏。

这类破坏处理的措施是重新浇筑底板，重新设止水，底板下设排水，底板与基岩间加设锚筋，并严格控制底板的平整度。

二、弯道水流的影响及处理

有些溢洪道因受地形、地质条件的限制，泄槽段陡坡必须建在弯道上，如果弯道轮廓尺寸或弯道渠底横向比降不合理，高速水流进入弯道，水流因受到惯性力和离心力的作用，互相折冲撞击，形成冲击波，使弯道外侧水位明显高于内侧，形成横向高差，弯道半径越小、流速越大，则横向水面坡降也越大。有的工程由此产生水流漫过翼墙顶面，使墙后填土受到冲刷、翼墙向外倾倒，有的甚至被冲走，出现更为严重的事故。

减小弯道水流影响的措施一般有两种：一是将弯道外侧的渠底抬高，使泄水槽有横向坡度，水体经过时产生横向的重力分力，与弯道水流的离心力相平衡，从而减小边墙对水流的影响；二是在进弯道处设置分流隔墩，使集中的水面横比降由分流隔墩分散。

三、地基土掏空破坏及处理

当泄水槽底板下面是松软的地基时，有可能会出现由于底板接缝处的地基土被高速水流引起的负压吸空，或者排水管周围的反滤层失效而导致土壤颗粒随水流排出，从而引起地基被掏空，造成底板断裂等破坏。处理这种破坏的方法首先包括加强接缝处的反滤层，并增加止水措施。对于因排水管周围的反滤层失效而导致的地基土掏空，需要重新修复排水管周围的反滤层，以满足排水滤土的要求。

四、排水系统失效的处理

在泄水槽底板下设置排水系统是一项有效的措施，用于消除浮托力和渗透压力，这对底板的安全性和可靠性具有重要影响。如果排水系统失效，通常需要进行翻修和重新建造。

五、泄水槽底板下滑的处理

泄水槽底板可能会因为摩擦系数较小、底板下面扬压力较大、底板自重较轻等原因，在高速水流的拖拽作用下向下滑动。为了防止底板在土基上下滑，可以在每块底板的端部设置一段横向齿墙，齿墙的深度通常为 0.4～0.5m。如果底板自重不足以抵抗下滑，还可以在底板下面设置钢筋混凝土桩，即在底板上钻孔，将桩深入地基 1～2m，然后浇筑钢筋混凝土以形成桩，使桩顶与底板连接在一起。对于岩基上的底板，由于自重较轻，可以采用锚筋来加固，锚筋通常使用直径 20mm 以上的粗钢筋，将其埋入地基深度为 1～2m，确保锚筋的上端牢固固定在底板内部。

六、气蚀的处理

泄水槽段气蚀产生的主要原因是边界条件不良所引起的，如底板、翼墙表面不平整，弯道不符合流线形状，底板纵坡由缓变陡处处理不合理等均容易导致气蚀。对气蚀的处理，一是可以通过改善边界条件，尽量防止气蚀产生；二是需要对产生气蚀的部位进行修补。

许多管理单位总结了工程运用中的经验教训，将在高速水流下保证底板结构安全的措施归结为四个方面，即"封、排、压、光"。其中，"封"要求截断渗流，采用防渗帷幕、齿墙、止水等防渗措施隔离渗流；"排"要确保排水系统良好，将未截住的渗流妥善排出；"压"则利用底板自身的重量压住浮托力和脉动压力，防止其漂起；"光"要求底板表面光滑平整，彻底清除施工时残留的钢筋头等不平整因素。这四个方面相辅相成，互相配合。

七、溢洪道泄洪能力不足的主要原因

水库垮坝的重要原因之一是溢洪道泄洪能力不足。根据《全国水库垮坝登记册》的数据，漫坝造成的垮坝事件占总数的 51.5%，其中 42% 是因为溢洪道泄洪能力不足。引起溢洪道泄洪能力不足的主要因素包括以下五个方面。

（一）不可靠的原始资料

一些水库的集雨面积计算值远远小于实际水面积；有些水库的降雨数据不准确，与实际情况不符；还有一些水库的容积关系曲线不准确，实际库容小于设计值等。

（二）低标准设计和小洪水设计

水库的设计防洪标准过低，设计时考虑的洪水偏小，未能满足实际需求。

（三）溢洪道断面不足

溢洪道的开挖断面不够宽，未能达到设计要求的宽度和高程。

（四）洪水设施阻碍

溢洪道控制段前存在淤积现象，同时设置了拦鱼等设施，影响了泄洪能力。

（五）未考虑引水渠水头损失

在计算中未考虑溢洪道控制段前较长引水渠的水头损失，导致泄洪能力

不足。

以上这些因素共同导致了溢洪道泄洪能力不足，增加了水库垮坝的风险。

八、加大溢洪道泄洪能力的措施

溢洪道的泄洪能力主要取决于控制段。因溢洪道控制段的大多水流是堰流，因此根据堰流公式分析溢洪道的泄洪能力，要加大溢洪道泄洪能力，可采取以下措施。

① 加高大坝。通过加高大坝，抬高上游库水位，增大堰顶水头。这种措施应以满足大坝本身安全和经济合理为前提。

② 改建和增设溢洪道。通过改建溢洪道可增大溢洪道的泄洪能力，具体措施如下。

第一，降低溢洪道底板高程。这种方法会降低水库效益。但如果降低溢洪道底板高程不多就能满足泄洪能力时，在降低的高度上设置简易闸，在洪水来临前将闸门移走，保证泄洪；洪水后期，关闭闸门，使库水位回升，可避免或减小水库效益的降低。

第二，加宽溢洪道。当溢洪道岸坡不高，加宽溢洪道所需开挖量不是很大时，可以采用。

第三，采用流量系数较大的堰坎。不同堰型的流量系数不同，同种堰型的形状不同，流量系数也不一样。宽顶堰的流量系数一般为 0.32～0.385，实用堰的流量系数一般为 0.42～0.44。因此，当所需增加的泄洪能力的幅度不大，扩宽或增建溢洪道有困难时，在条件允许的情况下，可将宽顶堰改为流量系数较大的曲线形实用堰，以增大泄洪能力。

第四，增大侧向收缩系数。侧向收缩系数的大小与闸墩和边墩墩头的平面形状有直接关系，改善闸墩和边墩的头部平面形状如将半圆形改为流线形，可提高侧收缩系数，从而增加泄洪能力。在有条件的情况下，也可增设新的溢洪道。

③ 加强溢洪道日常管理。减少闸前泥沙淤积，及时清除拦鱼等妨碍泄洪的设施，可增加溢洪道的泄洪能力。

第六章 水利渠系建筑物的养护与管理

第一节 概 述

一、渠系建筑物的分类

渠系建筑物是渠道系统的组成部分，用于执行灌溉区域或城市供水的输配水任务。根据其功能，可以分为控制建筑物、泄水建筑物、交叉建筑物、落差建筑物、冲沉沙建筑物、量水建筑物等。

（一）控制建筑物（配水建筑物）

也被称为配水建筑物，主要用于控制渠道的水位和分配水流，以满足各级渠道的输水、配水和灌溉需求。典型的控制建筑物包括进水闸、分水闸和节制闸等。

（二）泄水建筑物

为了保护渠道和建筑物的安全，或进行维护和修理，是用于泄放多余的洪水或排空渠道水的建筑物。常见的泄水建筑物有泄水闸、退水闸、溢洪堰和泄洪渠。

（三）交叉建筑物

在渠道与高山、山谷、洼地、河沟、道路或其他渠道相交叉的地方修建的建筑物，多用于跨越障碍。常见的交叉建筑物有渡槽、倒虹吸管、涵管（涵洞）和桥梁。

（四）落差建筑物（连接建筑物）

当渠道通过地面坡度较大的区域时，为了使渠道的纵坡符合设计要求，避免深挖高填而修建的建筑物。典型的落差建筑物包括陡坡和跌水。

（五）冲沉沙建筑物

为防止和减少渠道淤积而修建的沉沙及冲沙设施。常见的冲沉沙建筑物包括沉沙池、沉沙条渠和冲沙闸。

（六）量水建筑物

用于测量渠道水位和流量，以实现对用水的计量。可通过过水建筑物进行测量，也可以专门设置各种量水堰。

二、常见渠系建筑物的构成

（一）渠道

输水建筑物主要要求渠道断面不发生冲淤。灌区固定渠道分为干渠、支渠、斗渠、农渠四级。其中，干渠和支渠主要用于输水，称为输水渠道；而斗渠和农渠主要用于配水，称为配水渠道。渠道的横断面形式包括梯形、矩形、抛物线形、"U"形和复式断面等。结构型式有挖方渠道、填方渠道和半挖半填渠道三种类型。

（二）隧洞

隧洞根据洞内水力条件分为无压隧洞和有压隧洞。有压隧洞输水时，水流充满洞体，没有自由的水表面，采用圆形断面；无压隧洞输水时，一般有自由的水表面，采用马蹄形或城门洞形。隧洞主要由进口段、洞身段和出口段组成，其中进口段包括曲线段、拦污栅、闸室段、渐变段、通气孔和平压管。

（三）渡槽

渡槽是用于跨越河渠、道路、山谷、洼地的架空输水建筑物，也称为过水桥。渡槽包括槽身、支承结构、基础及进出口建筑物等部分。槽身断面有"U"

形槽、矩形槽、抛物线形槽等；支承结构有梁式、拱式、桁架式等；槽身材料有木制槽、砖石槽、混凝土槽、钢筋混凝土槽及钢丝网水泥槽等；混凝土渡槽有现浇整体式、装配式、预应力渡槽等。

（四）倒虹吸管及涵管

倒虹吸管是设置在渠道穿越山谷、河流、洼地、道路或其他渠道时的压力输水管道。倒虹吸管包括进口段、管身段和出口段，管身断面有圆形、箱形和城门洞形。根据管路埋设情况和高差大小，分为竖井式、斜管式、曲线式、桥式四种类型。涵管是用于穿越高地的交叉建筑物，包括路下涵管、渠下涵管、堤下涵管、坝下涵管等。涵管根据管内水力条件分为有压和无压两种，一般由进口段、管身段和出口段组成。

三、渠系建筑物正常工作的基本条件

第一，过水能力符合设计要求，渠系建筑物的水流通过能够满足设计要求的过水能力，确保可以快速、准确地进行流量控制。

第二，建筑物清洁、完整，无变形和损坏，渠系建筑物的各个组成部分始终维持清洁、完好，不发生任何形变或破损。

第三，护底、护坡和挡土墙填实，无危险渗流，渠系建筑物的护底、护坡和挡土墙必须填充充实，且不出现危险的渗流现象。

第四，无磨损、冲刷、淤积，渠系建筑物及其上下游不应出现磨损、冲刷或淤积的情况。

第五，上游壅高水位不超过设计水位，建筑物上游的水位在正常运行条件下不应超过设计水位。

第六，闸门及启闭机正常工作，无漏水，渠系建筑物的闸门和启闭机应保持正常运行，且不存在漏水的情况。

四、渠系建筑物的工作特点

① 输送水流变化大。水流量、水位和流速经常受到水源、用水需求以及渠

系建筑物状态的大幅而频繁的变化，灌溉渠道的水流与停水在季节和降雨方面受到显著影响，维护管理需要相应地适应这种变化。

② 过水断面受冲淤影响。过水断面容易因为冲刷和淤积而发生变化。需要经常进行检查和维护，以确保过水断面的完整性。

③ 环境复杂，受力条件多变。位于深水或地下的渠系建筑物不仅需要承受山岩压力（或土压力）、渗透压力，还必须应对巨大的水头压力和高速水流的冲击。在地面建筑物方面，还需要应对温差、冻融、冻胀以及各种侵蚀作用，这些因素容易导致建筑物被破坏。

④ 高速水流作用。高速水流容易导致渠系建筑物发生冲蚀和气蚀破坏，水流脉动还可能引起振动。

⑤ 工作条件差异大。在一个工程中，渠系建筑物数量众多，分布广泛，地形和水文地质条件复杂，受到自然和人为破坏的因素很多，同时由于交通不便，维修施工困难，管理难度较大。

第二节　渠道的养护与修理

一、渠道的检查与养护

（一）渠道的检查

1. 常规检查

包括定期检查和季节性检查。常规检查的重点是对主渠、支渠及堤岸危险部分进行检查。检查堤岸是否存在雨淋沟、浪窝、洞穴、裂缝、滑坡、坍塌、淤积、杂草滋生等情况；验证路口和建筑物连接点是否符合要求，同时审视渠道保护区是否受到人为破坏，如乱挖乱垦等行为。季节性检查主要关注防洪准备情况和防洪措施的实施情况。

2. 临时性检查

主要在强降雨、台风或地震之后进行。着重检查是否存在沉陷、裂缝、坍塌和渗漏等情况。

3. 定期检查

主要包括汛前、汛后、冰封前和解冻后的检查。一旦发现薄弱环节或问题，需要及时采取措施予以修复。特别对于北方地区的冬灌渠道，需要特别关注冰冻对其造成的影响。

4. 水情期间检查

在渠道正常运行期间进行检查。需要观察各渠段的水流状态，检查是否存在堵塞、冲刷、淤积和渗漏等问题，以及是否有大型漂浮物冲击堤岸或受到风浪影响，还要确认渠顶超高是否符合要求。

(二) 渠道的保养

渠道的日常保养工作包括以下 5 个方面。

① 严禁在渠道上设置拦水坝，擅自挖掘堤坝取水，或在渠堤上挖掘、移土、种植庄稼和放牧等行为，以确保渠道正常运行。在填方渠道附近，不得挖取土壤、挖坑、打井、植树和开垦耕地，以防止渠堤滑坡和决口。

② 严禁超过规定标准进行输水，以防止溢流。在渠堤上不得堆放杂物，也不得违章修建建筑物。禁止超载车辆在渠堤上行驶，以免对渠堤造成损坏。

③ 防止渠道淤积，满足坡水渠道的要求应在入口处建设防沙防冲设施。及时清理渠道中的杂草和杂物，以免影响水流。禁止向渠道内倾倒垃圾和废水。

④ 在灌溉供水期间，沿着渠堤仔细检查，发现漏水、渗水以及渠道崩塌、裂缝等危险情况应及时采取处理措施，以防止事态进一步恶化。在检查时发现隐患应进行记录，以备停水后进行全面处理。

⑤ 做好渠道的其他辅助设施的维护与管理工作。这些辅助设施包括量水设施与设备、安全监控仪器设备、排水闸、跌水及两岸交通桥等。

二、渠道常见病害及成因

渠道常见病害有裂缝、沉陷、滑坡、渗漏、冲刷、淤积、冻胀、蚁害等病害。其中裂缝、沉陷、渗漏、蚁害与土石坝的病害原因类似。以下仅就严重影响渠道输水，或危及渠道安全的常见病害加以分析。

（一）淤积与侵蚀

渠道侵蚀的主要原因包括渠道土质较差、比降过大、水深流急、风浪冲击、施工质量差以及管理不善等。侵蚀主要发生在渠道狭窄深度段、转弯段凹侧以及陡坡段，这些渠段水流不平顺且流速大，往往导致侵蚀。渠道淤积主要是由于坡水带入大量泥沙，此外，一些引水水源含沙量大，取水口的防沙效果不佳也可能导致泥沙淤积。

（二）渠道坍塌

渠道发生坍塌的原因非常复杂，总结起来有以下 7 个方面。

① 基质抗剪强度低，如由软弱岩石和覆盖土组成的坡，在雨季或浸水后，抗剪强度显著降低，导致坍塌。

② 岩层层面、节理、裂隙的切割，形成顺坡切割面后，遇水软化，上部岩土层失去抗滑稳定性。

③ 地下水位升高，使渠道边坡渗透压力增大，降低边坡抗滑稳定性。

④ 渠道的新老接合面、岩土结合面等处理不当，容易导致漏水，从而引发坍塌。

⑤ 地质条件较差，填方渠道边坡过于陡峭，或渠道两侧为深挖方边坡，都容易引起坍塌。

⑥ 排水条件不佳，排水系统的排水能力不足或失效，使其抗滑能力降低，从而引发坍塌。

⑦ 不善的管理，人为破坏。

（三）渠道裂隙、洞穴和渗透

渠堤的裂隙主要由于渠基沉陷、边坡抗滑稳定性减弱以及施工中未妥善处理新旧土体接触所引起。孔洞除了在筑渠时可能由于夹树根而导致腐烂，主要还是由于昆虫、啮齿动物和其他野生动物在渠堤中挖洞造成的。在未进行硬化衬砌的渠道中，这些孔洞可能导致严重的渗漏问题。如果土渠的修建质量不佳，抗渗效果差，就容易引发散漏问题。

（四）渠基下沉

高填方渠道由于在建设时夯实不充分或基础处理不当，在运行过程中逐渐发生下沉，导致渠道顶部高程不足，渠底淤积严重。在使用衬砌的渠道中，不均匀的下沉可能导致裂隙的出现。

（五）冻害损坏

在寒冷的北方地区，冬季天气严寒，渠道衬砌在冻融作用下可能出现剥蚀、隆起、开裂或崩塌等损坏情况。

三、渠道病害的处理

（一）渠道冲刷处理

① 建造跌水、陡坡、潜堰以及石砌护坡护底等工程，调整渠道比降，减缓水流速度，并增强其抗冲击能力，以达到预防冲刷的目标。

② 当渠道弯曲度过大、水流不畅，导致岸边发生凹陷冲刷时，可以采用增大弯曲半径或者进行弯道修整的方法，使水流更为平缓，从而防止冲刷；也可通过采用浆砌石或混凝土衬砌来提升其抗冲刷能力。

③ 如果渠道土壤质量不佳，施工质量差，且未采取衬砌方法，导致大范围的冲刷问题，可以通过渠床夯实或进行渠道衬砌等方法来提高渠道的稳定性，以防止冲刷的发生。

④ 渠道管理不善，导致水流量突然增大或减小，引发水流淘刷或漂浮物撞击渠坡时，需要加强管理，进行科学调控，确保水流平稳，并消除漂浮物的影响。

（二）渠道淤积的处理

渠道淤积的处理可以从防淤和清淤两方面采取措施。

1. 防淤措施

① 设置防沙、排沙设施，减少泥沙进入渠道。

② 调整引水时间，避免在高含沙量时引水，减少流量，而在低含沙量时增加流量。

③ 防止水流挟带沙土进入渠道，避免山洪、暴雨径流进入渠道，以防止淤积。

④ 对渠道进行衬砌，降低糙率，增加流速，提高抵抗淤积的能力。

2. 清淤措施

① 水力清淤。在水源比较充足的地区，可在非用水季节，利用含沙量少的清水，按设计流量引入渠道，利用现有排沙闸、泄水闸、退水闸等泄水拉沙，按先上游后下游的顺序，有计划地逐段进行，必要时可安排受益农户参与，使用铁锹、铁耙等农具搅拌，加速排沙。

② 人工清淤。是目前使用最普遍的方法，在渠道停水后，组织人力，使用铁锹等工具，挖除渠道淤沙，一般一年进行 1～2 次。

③ 机械清淤。主要是用挖泥船、挖土机、推土机等工程机械清理渠道淤积泥沙，这种方法速度快、效率高，能降低劳动强度、节省大量劳力。

(三) 渠道滑坡的处理

处理渠道滑坡的方法包括排水、减载、反压、支挡、换填、改暗涵，也可以采取加支撑、倒虹吸、渡槽以及渠道改线等措施。

1. 砌体支挡

在渠道滑坡地段，如果地形受限，削坡土方量较大，可以在坡脚和边坡处砌筑各种形式的挡土墙，以增强边坡的抗滑能力。

2. 换填好土

对于渠道通过软弱风化岩面等地质条件差的地带，产生滑坡的情况，除了削坡减载，还可以考虑对好土进行回填，重新夯实，以改善土壤的物理力学性质，从而稳定边坡。

3. 明渠改暗涵或加支撑

对于傍山渠道，如果地质条件差，山坡过陡，容易产生滑坡和崩塌，从而导致渠道溃决的情况，如果削坡减压、砌筑支挡困难或者工程量过大，难以维持边坡稳定，可以考虑将明渠改建为暗涵。暗涵的形式可以是圆拱直墙、箱涵或者盖板涵，涵洞上方可以进行土石回填，恢复山坡的自然坡度或者用于铺设道路。

4. 渠道改线

对于中小型渠道，如果处于地质条件很差的地段，甚至位于大型滑坡或崩塌体上，渠道的稳定性无法得到保证，就应该考虑对渠道线路进行改变。

（四）处理渠道的沉陷、裂缝和孔洞

解决这些问题通常采取两种主要方法，即翻修和灌浆，有时也可以结合这两种方法，即上部翻修和下部灌浆。

1. 翻修

这是一种较为彻底的处理方法，它涉及将受影响的地区挖开，然后重新回填。对于深埋的问题，挖掘和回填工作量较大，而且通常需要在停水季节进行，因此是否适宜采用这种方法需要根据具体情况进行综合分析和决策。

在进行翻修时，首先需要确定挖掘的范围，可以在开始挖掘前向裂缝内部注入石灰水，以帮助确定挖掘边界。其次，挖掘过程中，如果发现新情况，必须进行跟踪挖掘，直至全部问题区域挖掘完成，但要避免过度挖掘。

挖掘坑槽的形状一般为梯形，底部宽度至少应达到 0.5m，坡度需要满足稳定和新旧填土的结合要求。坑槽的具体形状会根据土壤性质、夯实工具和挖掘深度等具体条件进行确定，对于较深的坑槽，也可以设计成阶梯形，以方便土方出土和施工安全。

在挖掘完成后，需要保护坑口，以防止日晒、雨淋或冰冻，并清除积水、树根、苇根以及其他杂物。

回填土料的选择应根据渠道底部土料和裂缝的性质进行，对于沉陷和裂缝问题，应选用塑性较大的土料，同时控制含水量在最优含水量的 $1\% \sim 2\%$。在使用挖出的土料之前，需要进行试验并鉴定确保其合格。

回填土应分层夯实，每层的厚度通常为 10～15cm，压实密度应略高于渠道底部土料的密度。在新旧土料接合处，需要进行刨毛压实，并在必要时创建接合槽，以确保紧密结合，特别要注意边角处的夯实质量。

2. 灌浆

对于深埋的问题，或者由于翻修工程量较大而不宜进行挖掘，可以采用黏土浆或黏土水泥浆灌注处理。这种方法包括重力灌浆和压力灌浆两种方式。

① 重力灌浆。在不施加额外压力的情况下，利用浆液的自重将其灌注到裂缝中。这种方法适用于一些简单的裂缝和孔洞处理。

② 压力灌浆。除了浆液的自重，还通过机械压力将浆液灌注到裂缝中，通常需要结合钻探和打孔工作。压力灌浆能够将浆液在高压下灌入裂缝中，直到不再吸收浆液为止。

此外，有时可以结合翻修和灌浆两种方法，对问题部位的上部采用翻修处理，下部采用灌浆处理。这种方法适用于中等深度的渠道问题，以及那些不适宜完全采用翻修或难以挖掘的区域。处理渠道底部问题后，可以进行原有的渠道防渗层施工，确保新旧防渗层的良好结合。

(五) 防渗层破坏的处理

渠道的防渗技术方法和形式较多，且各有特点。对防渗层的修补处理，要根据防渗层的材料性能、工作特点和破坏形式选择下列修补方法。

1. 修复土料和水泥土防渗层

处理土料防渗层出现的问题，如裂缝、破碎、脱落和孔洞，首先凿除受影响区域，彻底清理干净。其次，使用素土、灰土等材料逐个回填并夯实，确保修复后表面平整。再次，对于水泥土防渗层的裂缝，可以采用凿成倒三角形或倒梯形的方式，清理后用水泥土或砂浆填充抹平，或者通过向缝内灌注黏土水泥浆进行修复。最后，对于破碎和脱落等问题，需要将受损部分凿除，再使用水泥土或砂浆进行填筑抹平。

2. 修复砌石防渗层

处理砌石防渗层出现的沉陷、脱缝和掉块等问题，首先将受影响的部位拆除，进行彻底冲洗，确保没有泥沙或其他污物残留。其次，选择适当质量和尺寸的石料，使用砂浆进行砌筑。对于个别不满浆的缝隙，可以通过填充浆料并捣固，确保砂浆充实。对于较大的三角缝隙，可以使用手锤楔入小碎石，缝隙部分则可用高一级的水泥砂浆勾缝。对于一般平整的裂缝，可以沿缝凿开，清洗干净后使用高一级的水泥砂浆重新填筑和勾缝。如果渠段外观无明显损坏、裂缝较细且多、渗漏较大，可考虑在砌石层下进行灌浆处理。

3. 修复膜料防渗渠道

对于膜料防渗层，在施工中发生损坏时应及时修补，而在运行中损坏通常难以发现。遇到意外事故导致的损坏，可以使用相同种类的膜料进行粘补。膜料防渗层常见的问题主要集中在保护层，如保护层裂缝或滑坍等，可以按照相同材料防渗层的修复方法进行处理。

4. 修复沥青混凝土防渗层

沥青混凝土防渗层常见的问题包括裂缝、隆起和局部剥蚀。对于 1mm 宽度的小型非贯穿性裂缝，通常可以在温暖的春季自行闭合，一般无需干预。对于 2～4mm 宽度的贯穿性裂缝，可以采用喷灯或红外线加热器加热裂缝表面，然后使用铁锤沿裂缝锤击，使裂缝闭合并确保牢固，随后使用沥青砂浆填充并抹平。如果裂缝较宽，容易被泥沙填充，从而影响裂缝的闭合，应在每年 1 月左右，即裂缝张开最大的时候，清除泥沙，清洗裂缝口，然后进行加热处理，使用沥青砂浆填充并抹平。对于受剥蚀破坏的部位，首先进行冲洗和风干处理，其次涂刷一层热沥青，最后使用沥青砂浆或沥青混凝土进行填补。如果防渗层出现隆起或鼓胀，可以将隆起的部分凿开，整平土基后，重新使用沥青混凝土填充修复。

混凝土防渗层的处理方法有以下 3 种。

（1）修复混凝土防渗层的裂缝

当混凝土防渗层发生开裂，但仍然保持相对平整，无显著错位时，可以采用以下 8 种方法进行修补。

① 对于较窄的裂缝，可使用过氯乙烯胶液涂料粘贴玻璃丝布的方式进行修补。

② 如果裂缝较宽，可以采用填充伸缩缝的方法进行修补。

③ 对于裂缝较宽的大型渠道，可以使用填塞与粘贴相结合的方法进行修补。

④ 清除裂缝内、裂缝壁及裂缝口两侧的泥土和杂物，确保干燥。

⑤ 沿裂缝壁涂刷冷底子油，然后将煤焦油沥青填料或焦油塑料胶泥填入裂缝中，填压密实，使表面平整光滑。

⑥ 在填好裂缝 1～2 天后，沿裂缝口两侧各宽 5cm 处涂刷过氯乙烯涂料一层。

⑦ 随即沿裂缝口两侧各宽 3～4cm 处粘贴玻璃丝布一层，再涂刷涂料一层。

⑧ 贴第二层玻璃丝布，最后涂一层涂料，确保涂料均匀涂刷，玻璃丝布要粘平贴紧，不能有气泡。

（2）修补预制混凝土防渗层砌筑缝

① 凿除缝内的水泥砂浆块，清洗缝壁和缝口。

② 使用与混凝土板相同标号的水泥砂浆填塞缝隙，捣实并抹平。

③ 修补后进行保温养护，时间不得少于 14 天。

（3）修补混凝土防渗层表层损坏

当混凝土防渗板表层出现剥蚀、孔洞等损坏时，可以采用以下方法进行修补。

① 水泥砂浆修补。首先需要彻底清除已受损的混凝土，对修补区域进行凿毛处理，然后冲洗干净。其次，在工作面保持湿润状态的情况下，将预先拌好的砂浆使用木抹子涂抹到修补区域，反复压实，然后用铁抹子抹平，最后进行至少 14 天的保温养护。如果修补区域的深度较大，可以在水泥砂浆中掺入适量的砾料，以减少砂浆的干缩并增强其强度。

② 预缩砂浆修补。预缩砂浆是指在拌和好后，需要静置 30～90min 后才能使用的干硬性砂浆。当需要修补的面积较小且没有特殊要求时，首选采用这种

方法。

③ 喷浆修补。喷浆修补是一种施工方法，其中水泥、砂和水的混合料通过高压喷嘴喷射到需要修补的部位。

④ 混凝土防渗层的翻修。对于混凝土防渗层严重受损的情况，如出现破碎、错位、滑坍等问题，需要移除受损部分，修复土基后重新砌筑。在砌筑过程中，要特别关注新旧混凝土的接合面处理。接合面经凿毛和冲洗后，必须涂上一层厚度为 2mm 的水泥净浆，方可着手砌筑混凝土。此外，保温养护也是必要的步骤。在翻修过程中，尽量充分利用拆除的混凝土。例如，可以保留现浇板中可继续使用的部分，尽量再利用可用的预制板，以及将破碎混凝土中可用的石子作为混凝土骨料。

第三节　隧洞的养护与修理

输水隧洞是为了输送水源而开挖形成的隧洞，可以在岩石或土壤中建造，包括用于渠道系统的输水洞、枢纽中的发电输水隧洞、泄水隧道以及导流洞等。在岩石或土基发育裂隙且较为破碎的情况下，通常需要使用混凝土、钢筋混凝土等材料进行衬砌，以防止水流冲刷和隧洞坍塌。通过隧洞输水可以实现可靠的运行，维修任务较少，同时也更安全。

一、输水隧洞的检查与养护

检查和保养输水隧洞是至关重要的。检查时，需要注意隧洞壁是否有裂缝、变形、位移、渗漏、剥蚀、磨损、气蚀、碳化、止水填充物是否存在流失等迹象。还需要观察洞内水流是否出现异常的明显波动。对相关设施，包括动力系统、照明设备、交通通道、通信设施、防雷系统、安全措施和监测设备，都需要定期检查是否完好。此外，也要关注附近地区是否有山体滑坡、地表排水系统是否受阻、泄水状态是否异常、漂浮物是否阻塞泄水口，以及是否存在人为破坏行为，如非法放牧或乱挖砂石等。

养护工作包括以下内容。

① 定期清理进水口附近的漂浮物，必要时在入口处设置拦污栅，防止污物破坏洞口结构和堵塞取水设备。

② 在寒冷地区，需采取有效措施避免洞口结构冰冻破坏，并在隧洞放空后，冬季做好出口处的保温措施。

③ 在使用中，尽量避免隧洞内出现不稳定流态，特别是在发电输水洞中，每次充水和泄水过程应缓慢进行，避免急剧变化，防止洞内发生超压、负压或水锤破坏。

④ 及时修补发现的局部衬砌裂缝和漏水，避免问题扩大。

⑤ 对于难以放空的隧洞，需加强常规观测，监测外部情况，特别是观测隧洞沿线的内外水压力是否正常。若发现漏水或塌陷迹象，应考虑对放空隧洞进行检查和修理。

⑥ 未衬砌的隧洞，应及时清除因冲刷引起的松动岩块和阻水岩石，并进行修复。

⑦ 异常水锤或六级以上地震发生后，需对隧洞进行全面检查和养护。

二、输水隧洞常见病害与成因

据有关资料分析统计，我国水利工程中的输水隧洞病害大致可以分为六类，即衬砌裂缝漏水、空蚀、冲磨、混凝土溶蚀破坏，隧洞排气与补气不足，闸门锈蚀变形与启闭设备老化。

（一）漏水裂缝

输水隧洞中最常见的问题是裂缝导致的漏水。裂缝漏水的原因多种多样，包括伸缩缝、施工冷缝和分缝处理不当、止水材料失效，混凝土施工质量不合格，以及未封堵灌浆孔等。此外，地质断层或软弱风化岩层的存在，如果没有得到妥善处理或处理不当，也可能导致漏水问题。这些不同的原因可能导致不同类型的漏水，包括集中漏水、分散漏水，以及大面积渗水。漏水裂缝可以呈现环向裂缝和纵向裂缝，以及干缩裂缝。

（二）空化问题

在输水隧洞中，当高速水流经过形状不佳或表面不平整的部位时，水流可能会与隧洞壁面分离，导致局部压强急剧下降。当流场中的局部压强降低到低于水的气化压力时，会形成气泡水流，这就是空化。当空泡进入高压区域时，它们会突然崩溃，产生强烈的冲击力和吸力，对隧洞壁面造成巨大的损害，这种连续的冲击和吸力效应会导致壁面材料的疲劳损伤，最终引发剥蚀破坏。空化问题不只存在于大型输水隧洞中，中小型输水隧洞也可能出现不同程度的空化现象。通常情况下，当流速在明渠中超过 15m/s 时，就有可能出现空化，而在压力隧洞中，入口上唇等部位的流速较大，压力较低，更容易发生空化。

（三）冲刷磨损

携带着泥沙的水流通过输水隧洞时，会对隧洞底部的混凝土造成不同程度的冲刷磨损。冲刷磨损的严重程度取决于水流的流速和泥沙含量，包括推移质和悬移质。此外，隧洞的几何形状也会在一定程度上影响冲刷磨损的程度，对于形状不佳的部位，冲刷磨损可能更为严重。

（四）混凝土溶蚀破坏

长期受到水流的冲刷以及水沿着洞壁裂缝渗透到隧洞内部，容易引发混凝土的溶解性侵蚀损害。在实际工程中，隧洞的溶解性侵蚀损害主要分为两种类型：一种是输送水流对隧洞洞壁混凝土的溶解性侵蚀。这种侵蚀主要表现为洞内壁表层混凝土中的有效成分 $Ca(OH)_2$ 被溶解并带走，从而显著降低了表面强度。通常情况下，水流呈酸性或偏酸性，混凝土中易溶解成分含量较高，因此容易引发这种破坏。另一种溶解性侵蚀主要表现在内部混凝土易溶解物质被壁渗透流溶解并析出，在内壁表面形成白色的沉淀物（$CaCO_3$）。这种侵蚀对表面强度影响不大，但当溶解析出的有效成分较多时，会严重降低隧洞的整体强度，甚至可能导致钢筋锈蚀问题。例如，湖北省红安县金沙河水库泄水洞中，渗漏水从洞壁混凝土中带出碳酸钙（$CaCO_3$），洞壁处处可见白色的沉淀物。由于该洞长时间未用于泄水，因此它的状态类似于一个小型溶洞，内部形成石钟和石笋，最大的石笋质量约 40kg。

（五）隧洞排气与补气不足

过去由于缺乏经验，对隧洞闸门后通气认识不足，设计时未设有通气孔或给出尺寸太小，实际工程中由此造成的隧洞损坏和事故较多。例如，由于高速水流水面掺气将洞内水面以上的空气逐渐带走，导致洞内压力降低，直至空气完全被带走而形成洞顶负压。随着水流流动，部分空气会从进口和出口补充，洞顶压力又会恢复到明流时的正常状态。这种周期性的有压无压交替运行导致洞内水流水面波动，引发周期性的振动和声响。这不仅影响隧洞的泄流效果，还容易引起隧洞衬砌的疲劳破坏，危及隧洞或其他建筑物的安全。

因此，设计隧洞时宜在进口闸门后设置通气孔，其目的是不断向泄水洞内补充空气，防止洞内压力降低，有利于防止空蚀的发生并保证正常泄流。若通气孔孔径过小或被堵塞，布置位置不当，或者根本未设置通气孔，泄流时补气不足，可能导致隧洞内压力不稳定或负压，进而引发隧洞内流态不稳和局部空蚀。这种情况将严重影响整个隧洞结构的振动，危及隧洞的安全。在压力输水隧洞中，当洞内排水需要关闭事故检修闸门时，需要进行补气，而在充水准备开门时，需要排气。因此，通气孔在压力隧洞检修闸门启闭过程中具有排气和补气的重要作用。补气不足会影响洞内安全排水，而排气不足则可能使洞内压力突增，达到一定程度时会危及隧洞结构设备和周围人员的安全。

（六）闸门锈蚀变形与启闭设备老化

由于隧洞闸门的工作环境恶劣，养护十分不便，因此隧洞闸门的锈蚀现象非常普遍，尤其是水库深式泄水隧洞闸门，由于启闭运行次数较少，锈蚀问题更为严重。闸门启闭设备的老化和损坏也相当突出，主要体现在启闭机启门力和闭门力不足，启闭设备的各个部件遭受损害，闸门螺杆可能发生弯曲或断裂等情况。

三、输水隧洞常见病害的处理

（一）裂缝漏水的处理

1. 使用水泥砂浆或环氧树脂砂浆进行裂缝修复

隧洞裂缝存在漏水问题，修复工作难度较大。因此，在进行砂浆封缝之前，必须先进行堵漏处理。通常情况下，可以先使用速凝砂浆迅速封堵，如果漏水量较大且分散，建议先安装排水管将漏水从一个地方集中排出，待大面积修补完成并具有相当强度后，再封堵集中排水孔。

2. 进行灌浆处理

对于施工质量较差的隧洞裂缝漏水和孔洞漏水，可以采用灌浆处理方法。对于内径较大的隧洞，钻孔机可以在洞内进行作业，采用洞内灌浆更为经济。一般在洞壁内按照梅花形状布设钻孔，进行灌浆时逐渐增加孔的密度，灌浆压力通常采用 0.1～0.2MPa。由于压浆机械通常放置在洞外，输浆管路较长，压力损耗较大，因此灌浆压力应以孔口压力为控制标准。浆液的配比可以根据需要进行选择，如在处理江西省跃进水库混凝土涵洞时，水泥浆的水灰比从 10∶1 到 2∶5，都取得了良好的灌浆效果。

（二）空蚀的处理

输水隧洞的气穴问题，在初始阶段通常被忽视，人们可能认为剥蚀情况相对轻微，不会对隧洞的安全产生影响。但是随着剥蚀程度的加深，水流状况变得更加恶劣，加速了气穴的扩展过程。在严重的情况下，可能使整个气穴区域衬砌结构被破坏，甚至引发坍塌事故。因此，有必要及时分析气穴产生的原因，并采取及时的处理措施。

1. 对隧洞体型进行改进，以改善水流边界条件

空蚀通常在进口处产生，这与隧洞体型与水流流线的不匹配有关。为减少空蚀的发生，可以考虑避免使用直角的渐变进口形状，最好改成椭圆曲线。

2. 管控闸门的开度并增设通气孔

闸门的开度在很大程度上影响闸门后水流的条件。通过观察和分析发现，小开度时，闸门底部的止水效果较差，容易形成负压区，导致闸门产生振动，闸门底部可能出现空蚀。大开度时，闸门后部容易出现满流和空蚀交替的现象，这会引起闸门后部形成负压区，导致闸门振动和闸门后部洞壁的空蚀。因此，需要在适当的范围内控制闸门的开度，以避免不利的开度和流态。对于无压洞和部分开启的有压洞，以及没有通气孔或通气孔孔径不足的隧洞，应在可能产生负压区的位置增设通气孔。

此外，对于其他容易产生负压引发空蚀破坏的隧洞部位，可以考虑采取通气减蚀措施。通气减蚀方法在国内外高水头泄水建筑物中常常得到应用，具有显著效果且经济实惠。通气减蚀的形式主要包括突扩式、底坎式、槽式及坎槽结合式等。

3. 采用高强度的抗空蚀材料

提高洞壁材料的抗水流冲击性能，在一定程度上可以减少水流冲蚀造成的表面粗糙度，从而减少空蚀的可能性。研究资料显示，高强度的不透水混凝土可以承受高达 30m/s 的高速水流而不受损。增强护面材料的耐磨性可以减少泥沙磨损导致的表面粗糙度，减少空蚀的可能性。例如，环氧树脂砂浆的抗磨性能比普通混凝土和岩石高出大约 30 倍。使用高标号的混凝土也可以缓解或减少空蚀破坏。另外，采用钢板或不锈钢作为衬砌护面也能够取得良好效果。

4. 进行空蚀部位的修复

对于隧洞中已经发生空蚀破坏的部位，除了进行针对空蚀原因的改进，如修改体型和采取通气减蚀措施，还需要及时修复已经受到空蚀影响的部位。通常可以使用耐空蚀的高强度修补材料，如用环氧树脂砂浆进行修补。

（三）冲磨破坏的处理

冲磨破坏的修补效果好坏主要取决于修补材料的抗冲磨强度，抗冲磨强度高的材料比较多，选用时主要从造成冲磨破坏的水流挟沙是以悬移质为主还是以推移质为主来考虑。

1. 悬移质冲磨破坏修补材料

高强水泥砂浆和高强水泥石英砂浆在工程实践中被验证为出色的抗冲磨材料。特别是在用硬度更大的石英砂替代普通砂的情况下，砂浆的抗磨强度有了显著提升。这种材料的优势包括价格较低、工艺简单、施工方便，因此石英砂成为一种优秀的抗泥沙磨蚀材料。

（1）铸石板

铸石板表现出卓越的抗磨和抗空蚀性能，根据原材料和工艺方法的不同，目前主要有辉绿岩、玄武岩、硅锰渣铸石和微晶铸石等类型。实践证明，铸石板是最佳的抗磨、抗空蚀材料之一，尽管其存在质脆、抗冲击强度低的缺点。在施工过程中需要高度的工艺要求，因为粘贴不牢时，高速水流容易进入板底空隙，在水流压力下将板冲走。例如，在刘家峡溢洪道的底板和侧墙、碧口泄洪洞的出口等地进行的抗冲耐磨试验中，铸石板被水流冲走的情况时有发生。因此，目前已较少采用铸石板，而是将其粉碎成粗细骨料，利用其高抗磨蚀的优点配制高抗冲磨混凝土。

（2）环氧树脂砂浆

环氧树脂砂浆具有固化收缩小、与混凝土黏结力强、机械强度高、抗冲磨及抗空蚀性能好等优点。其抗冲磨强度约为 28 天抗压强度为 60MPa 的水泥石英砂浆的 5 倍，C30 混凝土的 20 倍，合金钢和普通钢的 20～25 倍。尽管固化的环氧树脂本身的抗冲磨强度并不高，但由于其黏结力极强，含沙水流要剥离环氧树脂砂浆中的耐磨砂粒相当困难。因此，利用耐磨骨料配制的环氧树脂砂浆表现出卓越的抗冲磨性能。

（3）高抗冲耐磨混凝土（砂浆）

高抗冲耐磨混凝土（砂浆）是通过选用耐磨蚀粗细骨料、高活性优质混合材、高效减水剂和水泥配制而成的。其水泥宜选用 C_3S 含量高的水泥（C_3S 矿物含量不低于45％），细骨料宜选用细度模数为2.5～3.0 的中砂。磨蚀骨料常用的品种有花岗岩、石英岩、刚玉、各种铸石和铁矿石等。高活性优质混合材有硅粉和粉煤灰。减水剂宜选用非引气高效减水剂，而水灰比宜控制在 0.3 左右。高抗冲耐磨混凝土（砂浆）的配合比原则是：尽可能提高水泥石的抗冲磨强度和黏结强度，同时尽量减少水泥石在混凝土中的含量。已经应用的抗冲耐磨混凝土（砂浆）有硅粉抗磨蚀混凝土（砂浆）、高强耐磨粉煤混凝土（砂浆）、铸石混凝土（砂浆）和铁矿石骨料抗磨蚀混凝土（砂浆）等。

（4）聚合物水泥砂浆

聚合物水泥砂浆是一类有机无机复合材料，其制备过程中在水泥砂浆中掺加聚合物乳液改性。这种砂浆的硬化过程是在水泥水化产物形成刚性空间结构的同时，由于水化和水分散失，使得乳液脱水，胶粒凝聚堆积并借助毛细管力成膜，填充结晶相之间的空隙，形成聚合物空间的网状结构。聚合物相的引入既提高了水泥石的密实性和黏结性，又降低了水泥石的脆性。因此，聚合物水泥砂浆是一种相对比较理想的薄层修补材料，其耐磨蚀性能相较于未改性的水泥砂浆有显著提高。

2. 冲磨损害修复材料

高速水流携带的推移质不仅对泄水建筑物表面的混凝土造成磨损，还会产生冲击和撞击作用。因此，修复材料需要具有出色的抗磨蚀性能，同时也需要具备较高的冲击韧性。在以前修建含有推移质的河流上的泄水建筑物时，常常使用钢板、铸铁板、条石以及钢轨间填充条石或铸石板等抗冲磨的护坡材料。然而，在过去十几年中，已经进行了一定的研究和开发，涌现出一些新型的抗冲磨修补材料，其中包括高强抗冲磨混凝土、钢纤维硅粉混凝土，以及钢轨间填充的高强抗冲磨混凝土等。

（1）钢板

钢板拥有卓越的强度和抗冲击韧性，因此在面对推移质冲磨时表现出色。一般情况下，选择 12～20mm 的钢板厚度，并将其与混凝土中插入的锚筋进行焊接。为确保钢板间的接缝牢固，需要在沉陷缝位置焊接增强角钢。针对钢板衬护的施工技术有相当高的要求，如果锚固不牢或者灌浆不密实，就可能导致被冲走或发生形变的现象。

（2）钢纤维硅粉混凝土

试验证明，尽管加入钢纤维对提升硅粉混凝土的抗磨蚀性能作用不明显，但却能改善硅粉混凝土的脆性，提高其抗冲击韧性。当钢纤维的掺量为 0.5%（体积比）时，钢纤维硅粉混凝土的抗空蚀强度大约是硅粉混凝土的 10 倍，且在受冲击断裂破坏时吸收的冲击能量约为硅粉混凝土的 1.75 倍，因此适用于修补受推移质冲击破坏的混凝土。

（3）钢轨间嵌填抗冲磨混凝土

钢轨间嵌填抗冲磨混凝土采用高强度和高抗冲击性的钢轨与抗冲磨混凝土构成的复合结构，专门用于抵抗挟带有大粒径推移质的高速水流对泄水建筑物造成的强烈冲击、砸击和磨损破坏。钢轨可以水平设置沿水流方向，也可以垂直设置在过流面上。

第四节　渡槽的养护与修理

一、渡槽的检查与养护

渡槽通常包括输水槽身、支承结构、基础、进口建筑物和出口建筑物等组成部分。在实际工程中，大多数渡槽采用钢筋混凝土结构，可以分为整体现浇和预制装配两种类型。槽身的截面形式常见的有矩形和"U"形两种。支承结构通常采用梁式、拱式、桁架式、桁架梁、桁架拱式，以及斜拉式等不同类型。

渡槽的日常检查与养护工作包括以下内容。

① 定期清理渡槽的进口、出口以及槽身内的淤积和漂浮物，以确保渡槽正常的输水能力。未考虑交通的渡槽应禁止行人和牲畜通行，以防止发生意外事故。

② 定期检查支承结构，确保没有过大的变形和裂缝，并防止水流冲刷和淘空渡槽基础。对于跨越多沙河流的渡槽，应注意防止河道淤积，避免抬高洪水位，从而威胁渡槽的安全。

③ 对于位于北方寒冷地区的渡槽，在冬季要定期检查支承结构基础是否发生冻害，以确保地表排水和地下排水的正常运行。

④ 一旦发现槽身因裂缝或止水破坏导致漏水，应立即进行检修，以防止对基础的冲刷。

二、渡槽的常见病害及成因

渡槽经常出现的问题包括接缝漏水、冻胀与冻融破坏、混凝土碳化、剥蚀、裂缝、钢筋锈蚀、支承结构不均匀沉陷和断裂，止水老化破坏，进口泥沙淤积以及出口冲刷等。此外，由于设计原因，一些渡槽在槽内会出现涌波现象，导致槽内水流外溢。在接下来的分析中，我们将详细探讨冻害、混凝土碳化以及钢筋锈蚀这些问题，不再详述其他病害。

（一）冻害机理分析

1. 冻胀破坏

在寒冷地区，渡槽常采用基础形式，特别是桩基和排架下板式基础。这些基础在冻害作用下呈现出不均匀上抬的外观，中间基础上抬量大，向两侧逐渐减小，形成所谓的"罗锅形"。

渡槽基础的不均匀上抬主要是由切向冻胀力引起的。当基础周围土中的水分冻结成冰时，冰会将基础侧面与周围土颗粒胶结在一起，形成冻结力。当基础周围土冻胀时，靠近桩柱的土体冻胀受到约束，从而在基础侧表面产生方向向上的切向冻胀力。因此，切向冻胀力的产生需要满足两个条件：基础和地基土之间存在冻结力的作用，地基土在冻结过程中产生冻胀。

影响切向冻胀力大小的主要因素包括地基土的粒度成分、含水量、温度、基础材料性质和基础表面粗糙程度等。对于桩基来说，在切向冻胀力作用下的冻胀上抬通常由两种原因引起：第一，桩柱上部荷载、桩重力及桩柱与未冻土之间的摩擦力不足以平衡总冻拔力，导致整体上抬；第二，在冻拔力作用下，桩柱截面尺寸或配筋不满足抗拉强度要求，造成断桩。断桩通常发生在冻土层底部或桩柱抗拉最薄弱的截面处。

2. 冻融破坏

混凝土是由水泥砂浆和粗骨粒组成的毛细复合材料。在混凝土拌和过程中，加入的拌和水总量通常超过水泥所需的水化水。多余的水以游离水的形式留存在混凝土中，形成一定体积的连通毛细孔，这些毛细孔是导致混凝土冻害的主要原因。

根据美国学者提出的膨胀压和渗透压理论，吸水饱和的混凝土在冻融过程中受到的破坏应力主要来自两个方面：一是混凝土孔隙中充满水，当温度降至冰点以下时，孔隙水发生物态变化，即水变成冰，体积膨胀 9%，形成膨胀应力；二是在冻结过程中，混凝土可能出现过冷水在孔隙中的迁移和重分布，形成渗透压。这两种应力在混凝土冻融过程中反复发生，并相互促进，最终导致混凝土的疲劳破坏。该冻融破坏理论在全球范围内被广泛认可。

如果混凝土含水量小于其饱和含水量的91.7%，则混凝土受冻时毛细孔中的膨胀结冻水可以被非含水孔体吸收，不会形成损伤混凝土微观结构的膨胀压力。另一个必要条件是外界气温的正负变化，这能使混凝土孔隙中的水发生反复冻融循环。实践表明，冻融破坏通常从混凝土表面开始，逐渐发展成层层剥蚀破坏。

（二）混凝土碳化及钢筋锈蚀机理分析

在钢筋混凝土结构中，当处于强碱性环境（pH 为 12.5~13.2）时，钢筋表面会形成一层致密的水化氧化物薄膜，使其呈现钝化状态，有效地防止钢筋受到腐蚀。一般情况下，周围混凝土对钢筋提供这种碱性保护，能够在相当长的时间内保持有效。然而，一旦钝化膜被破坏，钢筋就会进入活化状态，在一定程度上增加了受腐蚀影响的可能性。

使钢筋钝化膜破坏的主要因素如下。

① 由于碳化作用破坏钢筋的钝化膜。当没有其他有害杂质时，因混凝土中的碱性物质【主要是 $Ca(OH)_2$】与大气中的 CO_2 发生反应，生成碳酸钙，导致水泥石孔结构发生变化，混凝土的碱性逐渐下降并趋向中性，pH 减小，这使钢

筋失去了保护作用，从而容易发生锈蚀。

② 由于水化氧化物薄膜和其他酸性物质的侵蚀作用破坏钢筋的钝化膜。混凝土中另一个导致钢筋锈蚀的原因是氯化物的作用。氯化物是一种活化剂，当其浓度不高时，也能破坏处于碱性混凝土环境中钢筋的钝化膜。

③ 当混凝土中添加大量活性混合材料或采用低碱度水泥时，也可能导致钢筋钝化膜被破坏或根本不形成钝化膜。

一旦钢筋表面的钝化膜受到破坏，只要钢筋与水和氧气接触，就会发生电化学腐蚀，通常被称为锈蚀。一旦位于保护层下的钢筋发生锈蚀，由于生成的铁锈体积膨胀，容易导致保护层膨胀并脱落，使钢筋暴露在自然环境中，从而加速锈蚀进程。

实际上，对一般输水建筑物来说，上述混凝土碳化导致钢筋锈蚀是主要的，但又是难以避免的。混凝土的碳化速度快慢与混凝土的材料性质、水灰比、振捣密实度、硬化过程中的养护好坏以及周围环境等因素有关。

大量的实际工程检测表明，同一建筑物的上部结构碳化深度往往比下部结构大。由于渡槽中的结构构件多采用小体积钢筋混凝土轻型结构，钢筋保护层厚度有限，现浇渡槽结构的施工和养护难度较其他输水建筑物大，因此，渡槽的碳化和钢筋锈蚀较其他建筑物更为突出。

三、渡槽病害的处理

（一）渡槽冻害的防治

1. 冻胀破坏的防治措施

为了防止渡槽基础的冻害，可采用消除、削减冻因的措施或结构措施，也可将以上两种措施结合起来，采用综合处理方法。

（1）消除、减轻冻胀因素

温度、土壤性质和水分是引起冻胀的三个主要因素。如果能够消除或减轻其中的某一个因素，就能够减少或避免冻胀的发生。在实际工程中，通常采取的方法包括替换法、物理化学处理、防水排水措施和热绝缘措施。替换法指的是将渡槽基础周围的冻胀性土壤挖除，再用不易发生冻胀的材料如砂、砾石、矿渣、炉渣等进行填充。通常替换的厚度在 30~80cm。虽然替换法不能完全消除切向冻胀力，但可以显著减小其影响。在使用砂和砾石进行替换时，需要控制粉土和黏土含量，通常不超过 14%。此外，需要在替换材料的表面进行护砌以防止水流冲刷。

（2）防止冻害的结构措施

防止冻害的结构措施可以归纳为回避和锚固两种基本方法。

回避方法是通过在渡槽基础和周围土壤之间采取隔离措施，防止基础侧表面与土壤之间发生冻结，从而消除切向冻胀力对基础的影响。在实际工程中，常用的方法包括采用油包桩和外加套管。油包桩是在冻土层内给桩表面涂抹黄油、废机油等，然后包裹油毡纸，并再次涂抹油层，形成两层或三层油毡和油涂层。外加套管法是在冻土范围内，对桩外加一层管壁，通常采用铁或钢筋混凝土制成。套管内壁与桩之间留有 2~5cm 的间隙，然后填充黄油、沥青、机油、工业凡士林等物质。

锚固方法是采用深桩，利用桩周围的摩擦力或在冻结深度以下扩大基础，通过增加一部分的锚固作用来防止冻结胀。

2. 冻融剥蚀修补

（1）修补材料

修补材料首先应该满足工程所要求的抗冻性指标，《水工混凝土结构设计规范》（SL 191—2008）规定，混凝土的抗冻等级在严寒地区不小于 F300，寒冷地区不小于 F200，温和地区不小于 F100。通常用的修补材料有高抗冻性混凝土、聚合物水泥砂浆，预缩水泥砂浆等。

① 提高抗冻性的混凝土。制备高抗冻性混凝土的主要方法是选择高质量的混凝土原材料，添加引气剂以增加混凝土的气含量，使用高效的减水剂降低水灰比等。当然，良好的施工工艺和严格的施工质量控制也是至关重要的。通常情况下，当剥蚀深度超过 5cm 时，可以采用高抗冻性混凝土进行修补。根据具体工程

情况，可以采用常规浇筑或滑模浇筑、真空模板浇筑、泵送浇筑、预填骨料压浆浇筑、喷射浇筑等多种工艺。预填骨料压浆浇筑的优势在于可以显著减少混凝土的收缩，而且施工模板相对简单。由于预填骨料已经充满整个修补空间，即使发生收缩也不会导致骨料移动。

近年来，喷射混凝土广泛应用于修复混凝土结构剥蚀破坏。这是因为喷射混凝土修复工艺具有独特的优点：第一，由于高速喷射作用，喷射混凝土和老混凝土能够良好地黏结，黏结抗拉强度为 0.5～2.85MPa；第二，喷射混凝土施工不需要支模板，无需大型设备和宽敞场地；第三，能够在任何方向和位置进行施工，可灵活调整喷层厚度；第四，具有快凝、早强的特点，能在短时间内满足生产使用要求。

② 聚合物改性水泥砂浆（混凝土）。聚合物改性水泥砂浆（混凝土）是通过向水泥砂浆（混凝土）中添加聚合物乳液来制备的一类有机-无机复合材料。聚合物的引入不仅提高了水泥砂浆（混凝土）的密实性和黏结性，而且减轻了水泥砂浆（混凝土）的脆性。近年来，我国广泛使用的改性聚合物乳液主要包括丙烯酸酯共聚物乳液和氯丁胶乳。

聚合物乳液的掺加量通常为水泥用量的 10％～15％，水灰比一般维持在0.30 左右。为防止乳液和水泥混合时产生泡沫，还需要添加适量的稳定剂和消泡剂。相对于普通水泥砂浆（混凝土），改性后的砂浆（混凝土）抗压强度降低了 0％～20％、极限拉伸提高了 1～2 倍，弹性模量降低了 10％～50％，干缩变形减小了 15％～40％。与老混凝土相比，改性后的砂浆（混凝土）的黏结抗拉强度提高了 1～3 倍，抗裂性和抗渗性显著提高，抗冻等级可达到 F300 以上。因此，聚合物水泥砂浆（混凝土）是一种非常理想的用于薄层冻融剥蚀修补的材料。

在冻融剥蚀厚度为 10～20mm 且面积较大时，可选择聚合物水泥砂浆进行修补；而在剥蚀厚度超过 3～4cm 时，则可以考虑使用聚合物水泥混凝土进行修补。由于聚合物乳液的成本较高，因此从经济的角度出发，当剥蚀深度完全能够使用高抗冻性混凝土进行修补时，应优先考虑采用抗冻混凝土进行修补。

③ 预缩水泥砂浆。干性预缩水泥砂浆是一种水灰比小，拌和后放置 30～90min 再使用的水泥砂浆。其配合比一般为水灰比 0.32～0.34，灰砂比 1：2～1：2.5，并掺有减水剂和引气剂。砂料的细度模数一般为 1.8～2.0。预缩水泥砂浆的性能特点是强度高、收缩小、抗冻抗渗性好，与老混凝土的黏结劈裂抗拉强度相比能达到 1.0～2.0MPa，且施工方便，成本低，适合于小面积的薄层剥蚀修补。铺填预缩水泥砂浆以每层 4cm 左右并捣实为宜。由于水灰比低，加水量相对较少，故需要特别注意早期养护。

（2）施工工艺

为了保证丙乳砂浆与基底黏结牢固，要求对混凝土表面进行人工凿毛处理，并用高压水冲洗干净，待表面呈潮湿状，无积水时，再涂刷一层丙乳净浆，并立即摊铺拌匀的丙乳砂浆。

（二）混凝土碳化及钢筋锈蚀处理

1. 混凝土碳化的处理

通常情况下，对混凝土的碳化不需要广泛处理，因为对于施工质量较好的水利工程建筑物来说，在其设计使用年限内，平均碳化层深度一般不会超过平均保护层厚度。如果建筑物的保护层全部被碳化，那么说明该建筑物的剩余使用寿命已经不多了，进行全面的碳化处理成本较高，且意义不大。如果建筑物的使用年限较短，且大部分碳化程度不严重，只有少数构件或部分区域碳化情况比较严重，那么对这些部分进行防碳化处理就显得非常必要。如果建筑物的钢筋还没有开始生锈，建议对其进行封闭式防护处理。

① 通过使用高压水清洗机清理结构物表面，该清洗机的最大水压力可达 6MPa，能够冲刷掉结构物表面的沉积物和疏松混凝土，取得了良好的清洗效果。

② 选择乙烯－醋酸乙烯共聚物乳液作为防碳化涂料；其表干时间为 10～30min，黏结强度大于 0.2MPa，具有抗 −25～85℃ 的性能，能够经受冷热温度循环 20 次以上，具备良好的气密性，颜色呈浅灰色。

③ 使用无气高压喷涂机进行涂覆，确保涂料内部不含空气，有效地保障涂

层的密封性和防护效果；分两次进行喷涂，使得涂层的总厚度达到 150μm 即可。

2. 钢筋锈蚀的处理

钢筋腐蚀对混凝土结构构成严重危害，当其腐蚀进入加速和破坏阶段时，将显著减弱结构的承载能力，严重威胁结构的稳定性。修复技术复杂、成本高，修复效果并不完全可靠。因此，一旦在钢筋混凝土结构中发现钢筋有腐蚀现象，应尽早采取适当的保护或修复措施。通常的措施有以下三个方面。

第一，恢复钢筋周围的碱性环境，使锈蚀钢筋重新发生钝化。剥离已经碳化或受到氯盐污染的混凝土，并重新浇筑新的混凝土（砂浆）或聚合物水泥混凝土（砂浆）。

第二，控制混凝土中的水分含量，延缓或抑制混凝土中钢筋的腐蚀。通常采用涂覆防护涂层，限制或减少混凝土中氧气和水分的含量，提高混凝土的电阻，减小腐蚀电流，从而延缓或抑制腐蚀的进展。国外研究资料显示，使用有机硅憎水涂料涂刷可以显著降低混凝土中锈蚀钢筋的腐蚀速度，但无法完全阻止钢筋的继续腐蚀。因此，防水处理只能作为一种临时对策，延缓钢筋混凝土结构的老化速度，直至采取更为有效的修复措施成为可能。

第三，采用外加电流阴极保护技术。外加电流阴极保护是通过向受保护的锈蚀钢筋通入微小直流电流，使其变为阴极，从而防止其腐蚀。同时，设置耐腐蚀材料作为阳极，实现阴极保护作用，通过长期持续地消耗电能，使受保护的钢筋成为阴极，同时外加耐蚀辅助电极作为阳极。这种保护技术在海岸工程的重要结构中得到广泛应用，但在输水建筑物中并不常见。

（三）渡槽接缝漏水处理

渡槽接缝漏水，主要是止水老化失效等原因造成的，处理的方法很多，如聚氯乙烯胶泥止水、塑料油膏止水等。

1. 聚氯乙烯胶泥止水

施工方法步骤如下。

① 配料比例：煤焦油：聚氯乙烯：邻苯二甲酸二丁酯：硬脂酸钙：滑石粉＝

100 : 12. 5 : 10 : 0. 5 : 25。

② 实验：进行黏结强度测试，首先在黏结表面涂一层冷底子油（煤焦油：甲苯＝1：4），黏结强度可达 140kPa。不涂冷底子油时，可达 120kPa。对试件进行 90°弯曲和 180°扭转试验，未出现破坏，符合使用要求。

③ 制作内外模：在槽身接缝的间隙为 3～8cm 的情况下，可以先将水泥纸袋卷成圆柱形塞入缝内，然后在缝的外壁涂抹 2～3cm 厚的 M10 水泥砂浆，作为浇灌胶泥时的外模。在 3～5 天后取出纸卷，清理缝内，然后在缝的内壁嵌入 1cm 厚的木条，使用胶泥填补缝隙作为内模。

④ 灌缝：将调制好的胶泥缓慢加热，控制温度在 110～140℃之间，待胶泥充分塑化后即可开始浇灌。对于 U 形槽身的接缝，可以一次性完成浇灌；对于尺寸较大的矩形槽身，可以分两次浇灌。第二次浇灌时，孔口稍大，需要缓慢浇灌以排除缝隙内的空气。

2. 塑料油膏止水

优点：费用少，效果好。

施工步骤如下。

① 缝隙处理。确保将缝隙清理干净并保持干燥。

② 油膏加热熔化。最好采用间接加热，保持温度在 120℃左右。

③ 灌注步骤。首先使用水泥纸袋填塞缝隙并留下约 3cm 的灌注深度，然后将预热熔化的油膏灌入，边灌注边用竹片将油膏与混凝土反复揉擦，使其紧密黏附。等油膏灌注至缝口后，再使用皮刷刷平。

④ 贴附玻璃纤维布。首先在待贴附的混凝土表面先涂一层热油膏，其次粘贴预先剪好的玻璃纤维布，再涂一层油膏并贴上一层玻璃纤维布，最后再涂一层油膏，务必确保黏附牢固。

（四）渡槽支墩的加固

1. 支墩基础的加固

① 在发现渡槽支墩基底承载力不足的情况下，可以采取扩大基础的方式进

行加固，以降低基底的单位承载力。

② 对于渡槽支墩由于基础沉陷过大影响正常使用的情况，需要将基础恢复到原位。在不影响结构整体稳定的前提下，可以采用扩大基础和顶回原位的方法进行处理。首先，挖出基础周围的填土，然后浇筑混凝土，使基础加宽。加宽的部分可以分为上下两部分：上部为混凝土支持体，与原混凝土基础形成整体连接；下部为混凝土底盘，与原混凝土基础之间留有空隙。其次，在施工过程中，先浇筑底盘和支持体，待混凝土达到设计强度后，在二者之间安置若干个油压千斤顶，将原渡槽支墩顶起，恢复到原位。最后，用混凝土填实千斤顶两侧的空间，待填实的混凝土达到设计强度后，取出千斤顶，并用混凝土填实千斤顶留下的空间，然后回填、灌浆，填实原基底空隙。

2. 渡槽支墩墩身加固

① 为了防止多跨拱形结构的渡槽在其中某一跨发生破坏时导致整体失去平衡，从而引发其他拱跨的连锁破坏，可以根据具体情况对每隔若干个拱跨中的一个支墩采取加固措施。这可以通过在支墩两侧加入斜支撑或增大支墩截面来实现。

② 如果多跨拱中的某一拱跨出现异常现象，例如拱圈发生断裂，可以在该跨内设置临时的圬工支顶或排架支顶，以提高拱跨的稳定性。

③ 当渡槽支墩发生沉陷导致槽身发生曲折时，可以采取以下步骤：首先，在支墩上放置油压千斤顶将渡槽槽身顶起；其次，待其恢复到原有的平整位置后，再用混凝土块填充空隙，支撑渡槽槽身；再次，如果原支墩顶面平整，可以先凿坑，再放置千斤顶支撑渡槽槽身进行修理；最后，在进行千斤顶支撑点的操作时，必须进行压力核算。

第五节　倒虹吸管及涵管的养护与修理

一、倒虹吸管及涵管的检查与养护

（一）倒虹吸管的检查与养护

倒虹吸管是用于渠道穿越山谷、河流、洼地，以及通过道路或其他渠道时设置的压力输水管道，是一种跨越输水的建筑结构，在灌溉区域的配套工程中具有重要地位。倒虹吸管通常包括进口、管身段和出口三个部分。其管身的横截面形式主要有圆形和箱形两种。在国内的灌溉工程中，倒虹吸管主要采用钢筋混凝土管和预应力钢筋混凝土管，而钢管和素混凝土管的使用相对较少。这些管道既可以是预制安装的，又可以是现场浇筑的。

倒虹吸管的日常检查与维护工作主要包括以下内容。

① 在放水之前需执行防止淤塞的检查和准备工作，清除管道内的泥沙和沉积物，以防止水流阻塞或堵塞；对于倒虹吸管在多沙渠道上，需要检查进口处的防沙设施，确保其在使用期间有效；需留意检查进出口渠道边坡的稳定性，及时处理不稳定的边坡，以避免在使用期间发生塌方。

② 在停水后第一次放水时，应注意控制流量，避免初始放水过急导致管道中气体堵塞。

③ 在运行期间，需要定期清除拦截污物栅前的杂物，以防止污物压垮拦截污物栅并增加渠道水位，导致溃堤决口。

④ 在水流运行期间，要注意观察进出口水流是否平稳，管道是否有振动；同时，要检查管道连接处是否有裂缝、孔洞渗水，并做好记录以备停水检修之需。

⑤ 要注意维护裸露斜管区域的支撑墩基础和地面排水系统，防止雨水冲刷管道和支撑墩基础，对管道安全造成威胁。

⑥ 要注意保养进口闸门、启闭设备、拦截污物栅、通气孔以及阀门等设施

和设备，确保它们能够灵活运行。

（二）涵管的检查与养护

涵管（洞）是指安装在堤、坝以及路基下，用于输送或排放水的水利建筑物，其截面形状通常包括矩形、圆形和城门形；涵管有的是通过现场浇筑而成的，也有的是预制的，通常较小口径的圆形涵管多采用预制安装。涵管（洞）的外侧被填充土石料，底部有些直接置于土基或岩基上，而有些则放置在基座上；主要承受的荷载包括自重、外侧土压力、内外水压力和温度应力。在中国，绝大多数土石坝下方都设有坝下涵管，各大河流的干支堤下也埋设了大量用于输水和泄水的涵洞，因此涵管（洞）是一种广泛应用于输水工程的建筑物。涵管（洞）的日常检查与维护工作主要有以下内容。

① 确保涵管（洞）的入口不被泥沙淤塞，及时清理任何泥沙积聚。

② 保障涵管（洞）出口不受冲刷和破坏，同时留意与其他连接建筑物的出入口区域是否出现不均匀沉陷、裂缝等情况。

③ 对于设计用于明流的涵管（洞），绝对不允许它们受到压力运行或明水和满水之间的交替运行。在操作闸门时，应缓慢进行，以防止管内发生负压或水击现象。

④ 严禁在路基或坝下涵管（洞）的顶部堆放重物，同时要阻止超重车辆通过，或采取必要的措施以避免涵洞的破裂。

⑤ 定期派遣人员进入可进入的涵管（洞）进行检查，查看是否存在混凝土剥蚀、裂缝或抬高等问题。如果发现这些问题，应迅速确认是否由涵管破裂引起，再采取必要的处理措施。

⑥ 对于坝下有压涵管，在运行期间应密切观察外坝坡出口附近是否有管涌和抬高点的现象。如果发现这些问题，应尽快确认是否由涵管破裂引起，再采取必要的处理措施。

⑦ 维护闸门和启闭机械设备，以确保其运行灵活。

二、倒虹吸管及涵管的常见病害及成因

(一) 倒虹吸管常见病害与成因

1. 裂缝在管身出现

这些裂缝包括环向、纵向和龟裂缝。环向裂缝主要由于管身分段过长，导致在温度下降时发生纵向收缩变形，从而导致管身脱节。当基础受到过大的约束时，可能会导致管身的撕裂甚至断裂。在斜坡段，也可能因为镇墩基础的沉陷、滑坡或雨水冲刷而使管身失去稳定性，导致脱节或断裂。纵向裂缝是最常见的问题，特别是在现浇混凝土管道中，纵向裂缝常常出现在管身的顶部。这主要是因为现浇混凝土管的顶部施工质量较差，同时管顶暴露在阳光下直射，导致管壁的内外温差过大，引起内外变形不一致。在寒冷的地区，如果冬季没有排水管内的积水或未采取绝缘措施，可能会发生冻害，导致管身出现纵向裂缝。一旦管身出现裂缝，就会发生漏水问题，同时管道的结构承载能力也会下降，降低了管道的耐久性。

2. 接头漏水

当接头处的止水材料老化或接头脱节时，可能会导致止水材料破裂并引起漏水。

3. 边墙失稳

进口处地基沉陷或顶部受到超载会导致进口处的挡土墙或挡水墙失去稳定性。

4. 混凝土表面脱落

在北方地区，冻融作用或者钢筋锈蚀可能导致混凝土表面的脱落。

5. 设备故障

管理不当、设备长时间未进行维修或设备老化可能导致沉沙拦污设施、闸门、启闭设备等损坏失效。

6. 淤积和堵塞

如果不及时清理管道，杂物可能会堵塞进口或者山洪可能带入大量可移动物质，从而导致管道内的淤积。

7. 空气侵入、振动和冲刷

操作不当，在开始排水时未及时打开排气阀，或者排水过快，可能导致管道内产生负压，引起空气侵入。此外，当通过小流量时未及时调节阀门，可能导致管道内水流跃升，导致管身振动或接头受损。冲刷是由于水流中含有大量的颗粒物质，而管壁的耐磨性较差所引起的问题。

8. 钢筋锈蚀

主要原因是在管身裂缝处或者有缺陷的地方，钢筋裸露失去混凝土的碱性保护，导致钢筋钝化膜破损并发生锈蚀。

(二) 涵管常见病害与成因

在实际工程中，涵管（洞）经常出现各种病害，包括裂缝、空蚀、混凝土溶蚀、闸门及启闭设备的锈蚀老化等问题。特别是在涵管（洞）中，裂缝是一种相对比较常见且突出的病害，相比之下，涵管中的裂缝比隧洞更为普遍。以下将重点分析涵管（洞）裂缝或断裂产生的原因。

① 在实际工程中，涵管（洞）的裂缝常常由于沿着其长度方向的荷载分布不均匀，以及不良的地基处理引起的不均匀沉陷而产生。这种不均匀沉陷导致涵管（洞）底部或顶部产生较大的拉伸应力，而侧部则产生较大的剪切应力。特别是当拉应力超过涵管材料的极限抗拉强度时，就会导致涵管横向开裂。

② 由于混凝土涵管在温度变化时会发生伸缩变形，如果涵管（洞）的分缝距离过大，管壁受到周围土壤的摩擦阻力引起的拉伸应力超过管壁的抗拉强度，就会导致管身容易出现环向拉伸裂缝。这些裂缝实质上是温度变形裂缝，其特点是它们会贯穿管壁的四周，通常发生在每节管的中部区域。

③ 涵管的裂缝问题也可能是由于设计强度不足或工程质量不佳造成的。在实际工程中，由于设计不够周密、施工未按照设计尺寸进行、超载运行以及浇筑

质量不佳等原因，涵管的整体强度可能不足。这种情况下，裂缝通常会出现得更多，同时可能伴随着其他病害，如表面蜂窝麻面、孔洞和大面积渗漏。

三、倒虹吸管及涵管的病害处理

(一) 倒虹吸管的病害处理

1. 裂缝的处理

裂缝处理的方案：对于既未考虑运用期温度应力，又未采取隔热措施的管道，要采取填土等隔热措施；对于强度不足、施工质量差的管道所产生的裂缝，要采取全面加固措施；对于有足够强度的管道的裂缝，主要采取防渗措施。

① 腹部包覆保护。这是防止纵向裂缝发生和扩展的有效措施。对于裸露在外的倒虹吸管两侧，采用预制空心混凝土砌块进行外包覆，上部填土夯实。这不仅能有效隔热保温倒虹吸管，还能减轻风、霜、雨、雪等对管身混凝土的侵蚀。

② 加固强化。面对由沉陷引起的裂缝，首先应采取固基处理，如灌浆培厚等方法；其次，对于强度安全系数较低的管道，可以采用内衬钢板加固的方法。具体步骤是在混凝土管内衬砌一层厚度为4～6mm的钢板，该钢板在工厂事先加工成卷状，其外壁与钢筋混凝土内壁之间留有约1cm的间隙。将钢板送入管内并定位、撑开，然后进行焊接成型，最后在二者之间进行回填灌浆。这种方法的优点是能有效提高安全系数，加固后具有安全、可靠和耐久的特点，但缺点是造价相对较高，需要大量钢材，施工难度较大。

③ 表面覆盖、修补或填充封缝。针对结构整体性影响不大的裂缝，通常采用表面涂抹、贴补或嵌补等方法进行封缝处理。这包括刚性处理和柔性处理两种类型。

第一，刚性解决方案。包括使用钢丝水泥砂浆、钢丝网环氧树脂砂浆和环氧树脂砂浆粘贴钢板等方法。这类方法不仅可以预防渗透和抵抗裂缝，而且还能分担裂缝处钢筋的一部分应力，提高建筑物的安全性。

第二，柔性解决方案。包括使用环氧树脂砂浆贴橡皮、环氧基液贴玻璃丝布、环氧基液贴纱布等方法。柔性处理能够适应裂缝开合的微小变形，具有较低的造价和施工方便的特点。当缝宽小于 0.2mm 时，可以采用加大增塑性比例的环氧树脂砂浆进行修补，效果良好；而当缝宽不小于 0.2mm 时，则可以使用环氧树脂砂浆贴橡皮的方法，效果也较好。

2. 渗漏处理

① 针对裂缝引起的渗漏，可采用相应的裂缝处理方法。

② 管壁一般渗漏的应对。在管道内壁涂刷 2～3 层环氧基液或橡胶液，确保涂刷时薄而均匀，每日进行一次，总厚度约为 0.5mm。若存在局部漏水孔或空蚀破坏，可使用环氧树脂砂浆进行封堵。

③ 接头漏水的处理。对于受温度变化影响较大的管道，特别是需要保持柔性接头的情况，可在接缝处填充沥青麻丝，然后在内壁表面采用环氧树脂砂浆贴橡皮的方式进行修补。对于已进行包裹处理、受温度影响显著减小的管道，可以考虑改用刚性接头，并在一定距离间隔处设置柔性接头。在刚性接头施工时，可以在接头内外注入石棉水泥或水泥砂浆，并在管道内壁表面涂刷环氧树脂，以防止钢管伸缩接头漏水，并需定期更换止水材料。

3. 淤积处理

在进口处设置拦污栅隔离漂浮物以防止堵塞；在进口上游一定距离设置沉砂池和冲砂孔防止推移质的堆积；控制过水流量和流速防止悬移质的沉积。当出现堵塞，应先排除管内积水，再用人工挖出。

4. 冲磨的处理

设置拦沙槽拦截砂石，减轻对管壁的磨损。对已发生空蚀与冲磨的管壁可进行凿除并重新涂抹耐磨材料（见隧洞的冲磨处理）。

(二) 涵管常见病害的处理

涵管断裂漏水的加固及修复措施如下。

1. 管基加固

对因基础不均匀沉陷而引起断裂的涵管，一是进行管身结构补强，二是还需加固地基。

① 如果坝身高度较低，而且断裂发生在管口附近，可以直接进行坝身挖掘处理。

② 针对软基，首先需要拆除受损的涵管部分，挖除基础部分的软土，直至达到坚实的土层，并进行均匀夯实。其次，可以采用浆砌石或混凝土进行回填，确保填充物紧密结实。

③ 对于岩石基础的软弱带，可以考虑进行回填灌浆或固结灌浆处理。

④ 对于直径较大的涵管，如果断裂发生在中部，而开挖坝体存在困难时，可以选择在洞内钻孔进行灌浆处理。一般采用水泥浆进行灌浆，断裂部位可以使用环氧树脂砂浆进行封堵。

2. 更换管道

在涵管直径较小、损坏严重、存在多个漏水点且难以进行有效维修的情况下，需要考虑更换管道。对于埋深较大的管道，可以采用顶管法进行替换。顶管法是一种施工方法，利用大吨位油压千斤顶逐节顶进预制好的涵管至土体中。顶管施工的步骤包括：测量放线—工作坑布置—安装后座及铺设导轨—机械设备的布置及安装—下管逐步顶进—管接缝处理—截水环处理—对管外进行水泥浆灌注—进行试压。顶管法的施工技术要求较高，定向定位在施工中可能会遇到困难。但是与开挖沟填埋法相比，顶管法具有一些优点，如节约投资、施工安全、工期短、劳动力需求较少以及对工程运行的干扰较小。

3. 表面贴补

对过水界面出现的蜂窝、麻面及细小漏洞可采取表面贴补法处理，这些方法前面已叙述。

4. 结构补强

因结构强度不够，涵管产生裂缝或断裂时，可采用结构补强措施。

① 灌浆。灌浆是当前混凝土或砌石工程中常用的封堵漏水和加固的方法。对于坝下涵管存在的裂缝、漏水等问题，都可以采用灌浆处理。

② 加套管或内衬。当坝下涵管的管径不允许显著缩小时，可以考虑使用钢管或铸铁管作为套管，而内衬可以选择采用钢板。如果管径断面的缩小不会影响涵管的正常使用，可以使用钢筋混凝土管作为套管，而内衬则可以使用浆砌石料、混凝土预制件或现浇混凝土。

③ 支撑或拉锚。石砌方涵的上部盖板如果存在断裂，可以通过在洞内进行支撑来加固。对于侧墙的加固，还可以采用横向支撑的方法。如果条件允许，还可以考虑采用在洞外进行拉锚的方式，这样的处理方法可以避免缩小过水断面。注浆是目前混凝土或砌石工程堵漏和加固常用的方法。对于坝下涵管存在的裂缝、漏水等问题，可以采用注浆处理。

④ 安装套管或内衬。当坝下涵管的管径不允许显著缩小时，可以考虑安装钢管或铸铁管作为套管，内衬可以选择使用钢板。如果管径断面缩小不会影响涵管的正常使用，套管可以采用钢筋混凝土管，而内衬可以使用浆砌石料、混凝土预制件或现浇混凝土。

第七章　水利水电工程设备的维护

第一节　闸　　门

一、概述

闸门是一种用于打开和关闭泄水通道的控制设施，可用于拦截水流，管理水位，调整流量，以及排放泥沙和浮游物等，是水闸的重要组成部分。

根据结构形式，闸门可以分为平面闸门和弧形闸门；根据闸门门顶与水平面的相对位置，可以分为露顶式闸门和潜没式闸门；根据工作性质，可以分为工作闸门、事故闸门和检修闸门；根据启闭方法，可以分为用机械操作启闭的闸门和利用水位涨落时水压力变化来控制启闭的水力自动闸门；根据制作材料，可以分为木质闸门、木面板钢构架闸门、铸铁闸门、钢筋混凝土闸门以及钢闸门；根据门叶的支承形式，可以分为定轮支承闸门、铰支承闸门、滑道支承的闸门、链轮闸门、串辊闸门、圆辊闸门等。

闸门主要由三个部分组成：①主体活动部分，通常称为闸门或门叶，用于封闭或打开通道口；②埋固部分；③启闭设备。活动部分包括面板梁系等称重结构、支承行走部件、导向及止水装置和吊耳等。埋固部分包括主轨、导轨、铰座、门楣、底槛、止水座等，它们埋设在通道口周围，通过锚筋与水工建筑物的混凝土紧密连接，分别构成与门叶上的支承行走部件和止水面相对应的结构，以便将门叶所承受的水压力等荷载传递给水工建筑物，并确保闸门具有良好的止水性能。启闭机械与门叶的吊耳相连，用于操作和控制活动部分的位置。少数闸门通过水力自动控制进行操作。

二、闸门运行中容易出现的主要问题

闸门是水闸的一个重要组成部分，主要是用来调节流量和控制上下游水位，宣泄洪水，运放船只、木排、竹筏，排除泥沙等。闸门除应满足安全经济条件外，还应具有操作灵活可靠、止水良好及过水平顺，并应尽可能避免闸门产生空蚀和振动现象。此外，闸门还应便于制作、运输、安装以及检修、养护。

（一）闸门结构变形问题

受多种因素的影响，在使用一段时间后，可能导致闸门门叶结构的变形，使得正常的启闭操作受到一定的影响。对于平面闸门而言，这种情况相对较为普遍，特别是在早期设计和修建的闸门中，由于设计安全系数较低、材料质量和施工质量等因素，这一问题显得比较突出。对于弧形闸门而言，这种变形现象相对较为少见。

处理闸门结构变形的方法需根据具体情况而定。对于能够开启但不能关闭的情况，最简单的解决办法是增加闸门的重量，可以在门顶增加铸铁块等物体来增加重量。如果闸门无法开启，可能需要对整个门叶进行校正或进行结构改造。

（二）止水损坏问题

闸门的止水通常采用橡胶或塑料制成的止水带，但这些材料容易受到环境水作用、露天温差、日晒等因素的影响，从而导致止水带的老化和失效。当出现这种问题时，通常只能在不影响正常运行的时间段内更换止水带。

（三）行走结构损坏问题

轨道、吊耳以及闸门滑轮是相对容易受损的结构部件。对于这类问题，解决方法相对简单，只需直接更换受损的部件即可。

第二节　启闭机械

一、概述

闸门启闭机可以分为两种主要类型：固定式和移动式。固定式启闭机包括卷扬式、螺杆式和油压式。移动式启闭机一般有门架式和桥式。选择适当的启闭机类型应考虑门的型式、尺寸及运行条件等因素。所选用的启闭机的启闭力应不小于计算所需的力，并且应符合国家现行的《水利水电工程钢闸门启闭机设计规范》（SL 74—2013）中规定的启闭机系列标准。如果需要在短时间内均匀地全部开启闸门或者闸门启闭频繁，每个孔应该配置一台固定式启闭机。

固定卷扬式启闭机主要由电动机、减速箱、传动轴和绳鼓组成。在启闭闸门时，电动机通过减速箱和传动轴使绳鼓转动，从而通过绳鼓升降闸门。通过滑轮组的作用，可以使用较小的钢丝绳拉力来产生较大的启门力。这种类型的启闭机适用于不需要施加额外压力关闭闸门的情况，且要求在短时间内全部开启闸门。通常情况下，每个孔都会配置一台固定卷扬式启闭机。

螺杆式启闭机主要由摇柄、主机和螺杆组成。通过机械或人力旋转主机，可以使螺杆连同闸门上下移动，从而实现闸门的启闭。这种类型的启闭机具有结构简单、使用方便、价格较低且易于制造的优点。它的缺点是启闭速度较慢、启闭力较小，通常用于小型水闸。如果水压力较大且闸门重量不足，可以通过螺杆施加额外的压力，以确保闸门完全关闭。在螺杆长度较大（如大于3m）的情况下，可以在胸墙上定期设置支承套环，以防止螺杆在受压时不稳定。

油压式启闭机主要由油缸和活塞组成。活塞通过活塞杆或连杆与闸门相连，通过改变油管中的压力来使活塞带动闸门的升降。油压式启闭机的优点包括利用液压原理，可以使用较小的动力来获得较大的启门力，液压传动较为平稳和安全，机体体积小，重量轻，适用于多孔闸门，可以降低机房、管路和工作桥的工程造价，同时较容易实现遥测、遥控和自动化。它的主要缺点是对金属加工条件要求较高，质量不易保证，造价较高。在设计和选择时需要特别注意解决闸门的起吊同步问题，以免出现闸门歪斜或卡阻的情况。

二、常见故障及维护

水闸适用的启闭机械最常使用的是卷扬式启闭机。从运行实践看，常见故障主要发生在齿轮、钢丝绳、制动器、传动轴承等部位，现将发生的现象、原因及解决对策浅析如下。

（一）齿轮故障

齿轮在启闭机中，由于制造缺陷、安装误差或者维护不善等原因，常导致齿轮啮合不良，产生咬合、偏移和局部磨损等问题。严重情况可能导致局部损坏，需要及时进行维修处理，通常情况下需直接更换受损的齿轮。

（二）钢丝绳故障

钢丝绳常在潮湿、阴暗及盐分较高的环境下工作，容易受到腐蚀、断丝的影响。一些较长的钢丝绳需要在卷筒上多层缠绕，在排列不当的情况下往往会导致钢丝绳受压损伤；滑轮组出现故障也可能造成钢丝绳受损。钢丝绳遭受腐蚀、擦伤或者断丝将减弱其强度，从而影响闸门的安全启闭。因此，需要及时处理和解决这些问题。在检修钢丝绳时，需要进行全面和细致的检查。发现断丝数接近规定数值时可采取以下措施。

1. 调头

当钢丝绳一端有锈斑或断丝时，其长度不超过卷筒上预绕圈的钢丝绳长度，可采取钢丝绳调头使用。在调头时，应注意以下两点。

① 在卷筒上固定钢丝绳预绕圈的末端，必须使用压板螺栓加以紧固，并应装有防松装置。此外，为了避免钢丝绳的脱落，在卷筒上绕制的钢丝绳圈数，在闸门完全关闭的状态下，包括压板所压制的圈数应不少于 5 圈；如果压板螺栓安装在卷筒翼缘侧面并用鸡心铁夹紧的情况下，则应不少于 2.5 圈。

② 在闸门吊耳的固定中，如果采用钢丝绳夹的形式，其夹数不得少于相关

规定。如果绳夹上有裂纹、断扣滑脱或者与钢丝绳的规格不符，不得使用。绳夹的紧固程度应该使钢丝绳被压扁的高度达到绳径的 1/3，从绳端算起的第一个绳夹应距离绳的端部不少于 160mm。

2. 搭接

两根钢丝绳搭接使用，限于直径 22mm 以下的才能采用，同时还要注意接头部位不应通过滑轮和绕上卷筒。

调头和搭接两种办法均不宜采用时，应更换新的钢丝绳。

(三) 制动器故障

制动器的型式较多，目前实际使用比较常见的为长、短冲程电磁制动器，其检修内容如下。

① 制动器的制动轮，在使用过程中，如果出现裂纹、砂眼等故障，只要影响安全使用，就必须进行修理或替换。

② 制动带与制动轮的接触面积应不少于制动带总面积的 80%；制动带的四周边缘应整齐，磨损不得超过原厚度的 1/2；新更换的制动带必须与闸瓦紧固牢固，铆钉的埋入深度应为带厚的 1/2～3/5。

③ 定期按规定检查制动器闸瓦与制动轮的退程间隙，若超过规定范围，必须进行调整。如果制动器各部位铰轴的间隙不符合规定，导致制动轮与闸瓦的间隙无法达到要求，就应该更换铰轴等零部件。

④ 如果制动带因摩擦而减薄或者被压缩变形，露出铜质铆钉或沉头螺钉，就需要更换制动带。如果制动带上的铆钉、螺钉断裂或脱落，必须进行更换或者补齐。

⑤ 制动器上的主弹簧必须保持设计长度，一旦失去弹性、发生变形或者断裂，就需要进行更换。

(四) 传动轴故障

启闭机的传动轴及轴承，在检修安装时，一般应注意以下 5 点。

① 传动轴轴径部分，需要经煤油清洗。

② 如果传动轴与其他零部件的接触面局部受损，只要受损面积不超过接触面积的 3%～5%，可以采用手工修整并磨光。

③ 如果传动轴的弯曲度超出规定范围，允许在常温条件下进行校正。

④ 当行走机构具有长传动轴时，中间各轴应按主梁的负荷挠度安装成上弓形形式，最大上弓值不得超过主梁计算挠度的 50%。

⑤ 在组装联轴器时，两根轴的连接点的径向偏差和轴向倾斜度必须符合相关规定。

（五）轴承故障

滑动轴承在使用中应注意以下两点。

① 滑动轴承的轴瓦应与轴颈配合来校验，接触面积不应少于 60%，每 2.5cm×2.5cm 的面积上应有 5～8 个接触点。

② 可以采用压铅法或塞尺法来测量轴承与轴颈之间的间隙。轴瓦与轴承座的连接应紧密，轴瓦与轴颈之间应保留 1～2mm 的轴向间隙。

在拆卸和装配滚动轴承时，需注意以下 3 点。

① 如果滚动轴承没有损坏，不要随意拆卸。如确需拆卸，在 90～100℃ 的热油中加热 20～30 分钟后，使用特制工具压出。

② 安装轴承时，只能轻轻敲打轴承内圈以施加外力。

③ 涂装钙基润滑脂于轴承时，不应超过滚动轴承空腔容量的 2/3。

三、启闭机械的日常维护管理

（一）日常检查

由操作员负责的例行维护任务，主要包括卫生清理、润滑传动部位、调整和紧固工作。通过运行测试确保安全装置的敏感性和可靠性，同时监听运行中是否有异常声音。

（二）周度检查

由维修人员和操作员共同执行，除了日常检查项目，主要包括外观检查，检查吊钩、取物装置、钢丝绳等的安全状况，以及制动器、离合器、紧急报警装置的敏感性和可靠性。通过运行观察传动部件是否有异常响声和过热现象。

（三）月度检查

由设备安全管理部门组织，并与相关部门的人员一同进行。除了周度检查项目，主要对起重机械的动力系统、起升机构、回转机构、运行机构、液压系统进行状态检测，更换磨损、变形、裂纹、腐蚀的零部件。对电气控制系统进行检查，确保馈电装置、控制器、过载保护、安全保护装置可靠。通过测试运行检查起重机械的泄露、压力、温度、振动、噪声等引起的故障征兆。通过观察对起重机的结构、支承、传动部位进行主观检测，了解起重机整体技术状态，检查并确定异常现象的故障源。

（四）年度检查

由单位领导组织设备安全管理部门牵头，与相关部门共同执行。除了月度检查项目，主要对起重机械进行技术参数检测和可靠性试验。通过检测仪器对起重机械各工作机构运动部件的磨损、金属结构的焊缝进行测试探伤，通过安全装置及部件的试验对起重设备运行技术状况进行评价。同时，制订大修、改造、更新计划。

第三节　水　　泵

一、概述

水泵是一种机械设备，用于输送液体或增加液体压力。它将来自原动机的机械能或其他外部能量传递给液体，使液体的能量增加。水泵主要用于输送各种液体，包括但不限于水、油、酸碱液、乳化液、悬浮液和液态金属，也可用于输送气体混合物以及含有悬浮固体物的液体。

根据其工作原理的不同，水泵可以分为叶片泵、容积泵、射流泵等类型。容积泵利用工作腔容积的变化来传递能量，而叶片泵则通过叶片与液体的相互作用来传递能量，包括离心泵、轴流泵和混流泵等种类。

（一）根据水泵的功能分类

① 供水泵，用于提供水源，涵盖农田灌溉、工业供水以及城镇居民供水等功能。

② 排水泵，用于排除农田、城镇、工矿企业中多余的雨水或污水，或降低水位过高的情况。包括农田排水泵、矿山排水泵、工业排水泵等。

③ 加压泵，在长管道输水情况下，用于在途中增加水压，以克服管道水力损失。例如，城市给水工程通常需要加压泵站将水送到管网中。

④ 调水泵，指用于跨流域调水的泵，实现沿途的供水、灌溉、排水和航运等功能。

⑤ 蓄能，通过将水从低处（下游）抽送到高处（上游），以便在电力需求高峰时发电。这种泵站有时被称为抽水蓄能电站。

（二）根据水泵动力分类

①电动，以电动机为动力的泵。由于电机的便捷启动、停机和运行管理，因此，现代大中型泵站普遍采用电动泵。

②内燃泵，以煤、汽油、柴油等内燃机为动力的泵。由于内燃泵振动和噪声较大，因此其应用范围逐渐减少，目前主要用于应急排水场合，特别是在台风频发的国家和地区，以应对停电后泵站无法运行的情况。

③ 水轮泵，由水轮机驱动的泵，用于抽水。它可以利用于山区的溪流、潮汐河道以及水位差大的渠道，具有结构简单、投资低、运行费用低的特点，在中国的西北、东北等地区得到广泛应用。

④ 风动泵，以风车为动力的泵站。这是一种环保泵站，但根据发展经验，风动泵站通常需要结合提水和发电，以实现更全面的能源利用。

⑤太阳能泵，以太阳能为动力的泵站。目前，中国的光伏产业快速发展，太阳能的能量转化效率较高，许多技术已达到国际领先水平。因此，在当今注重环

保的环境下，太阳能泵站具有良好的发展前景。

（三）泵站的类型

①离心泵站，主要运用离心泵的泵站，主要应用于高扬程的灌溉和增压等工作。

②轴流泵站，以轴流泵为主要工作泵的泵站，主要用于低扬程的水位调节、排水等任务。

③混流泵站，以混流泵为主要工作泵的泵站，主要用于扬程变化较大、轴流泵站无法满足需求的情况。

二、离心式水泵的组成

泵体也被称为泵壳，是水泵的主要组成部分。泵体的作用是提供支撑和固定，并连接到安装轴承的托架上。泵壳存在两种主要类型，即径向和轴向剖面。在水泵工作时，泵壳必须承受液体的热负荷和工作压力。通常情况下，单级泵的泵壳采用蜗壳式设计，其内部呈螺旋形状，这种设计有助于汇聚叶轮排出的液体，并将液体动能转化为静态压力，同时将液体输送至泵的出口。径向泵壳通常用于多级泵，呈现环形或圆形体的串联结构。

叶轮是离心泵的关键工作部件，通过叶轮将机械能转化为流体的动能和压能。离心泵的叶轮有四种主要形式，即闭式、开式、前半开式和后半开式。闭式叶轮由叶片与前后盖板组成，具有高效率但制造难度较大；开式叶轮仅包含叶片和叶片加强筋，没有前后盖板，效率较低但制造难度较低；前半开式叶轮由后盖板和叶片组成，效率较低，如果需要提高效率，可以配备可调节间隙的密封环；后半开式叶轮由前盖板和叶片组成，由于可以使用与闭式叶轮相同的密封环，效率与闭式叶轮基本相当，而制造难度较低，成本也较低。

离心泵的泵轴的主要功能是传递动力，同时支撑叶轮，确保泵的正常运行。泵轴的一端由轴承支撑，并带动叶轮旋转工作，而另一端通过联轴器与电动机连接。泵轴的结构和材质需要根据输送介质进行选择。例如，对于不具有腐蚀性的介质，通常使用经过淬火和调质处理的 45 号钢制造；而对于具有腐蚀性的介质，最好选择经过淬火和调质处理的 40Cr 钢材。

轴封装置的作用是防止液体泄漏或外部空气进入泵壳。常见的轴封装置有两种类型，即填料密封和机械密封。对于常规液体，通常选择填料密封，而对于需要尽量避免泄漏的液体，则通常选择机械密封。

三、离心式水泵维护

在工作中，为了使相关工作正常进行，必须根据实际情况做好设备维护。

① 检查工作设备的操作参数，包括核实电动机的额定电流是否在正常范围内等。如果电流超过正常范围，可能是叶轮堵塞导致电机超负荷或电机线圈绝缘不良等原因。

② 验证轴封泄漏量是否合理，确认填料箱是否存在过热情况。一般来说，轴封泄漏量应保持在每分钟 10～20 滴，这是填料松紧程度的重要指标。要控制泄漏量，可以通过调整压盖螺栓的拧紧程度来实现。平均温度应控制在大约 35℃，最高温度不应超过 70℃。

③ 进行润滑油液位和轴承温度的检查，同时有效监测和控制机组的噪声。记录泵的流量、电流、扬程、功率等数据，再根据操作规程和参数要求严格分析泵的运行状况。

四、离心式水泵常见的故障与维护

离心式水泵常见的故障包括在泵启动时电流大于额定电流、泵难以正常启动、不吸水、电流过低、振动异常、轴承发热、填料发热等。当离心式水泵出现故障后，应停止运行，明确故障的根本原因，再制定适当的检修方案。

（一）启动问题

启动故障指的是离心水泵在启动时电机难以正常启动的问题。此状况可通过拆卸联轴器并进行手动盘转，观察是否有异常声音或盘动不灵活的情况。如果盘车过紧，可能是由于泵内异物卡住或轴承损坏所致；若盘转灵活，可能是由电动机故障引起的。

（二）吸水问题

泵不吸水可能是由于进水管未完全浸入水中、进水管法兰垫片密封不严、泵内存在空气或气蚀等引起的。在启动离心泵时，确保引水充足是关键步骤。在注满泵壳的同时，及时排除泵壳内的空气，以保障离心泵的正常工作。

（三）轴承过热

运行中若发现轴承箱温度升高，通常表示轴承已损坏。导致轴承温度上升的主因可能是润滑油中含杂质或油质不佳、轴承间隙过大、加油脂过量、联轴器不同心、轴承配合过紧或过松等。解决方法一般包括更换轴承、补充适量润滑油并清除杂质，同时调整轴承间隙，确保泵轴与联轴器保持同心。

（四）异常声音或振动

正常情况下，水泵在运行时，电机与水泵的运行声音应该是连续而平稳的。若水泵振动过大或出现断续的杂音或啸叫，必须停止运行并进行检测。振动可能由电气或机械问题引起，需要全面解体后重新组装。首先检查并更换受损的叶轮，确保泵轴与电机轴同心；其次，检查紧固地脚螺栓，启动泵前打开排气阀以排气；最后，检查并更换联轴器。

（五）剧烈振动

强烈的噪声和振动可能由粗制滥造、转动部件质量不平衡、安装质量不达标、对中不合格、轴晃度大于允许值、部件刚度差、密封部件与轴承损坏等原因引起。解决方法包括检查轴的晃度，检查转动部件是否有损伤，重新对中，进行动平衡实验并适当增减配重。

（六）流量不足，功耗过大

流量不足可能由吸水管、叶轮、底阀淤塞、转速未达到要求、密封口环磨损等原因引起。处理方法包括清理吸水管、水泵叶轮、入口阀，更换密封口环。功耗过大可能由填料失效、填料压盖过紧、叶轮过度磨损、流量升高等引起，解决方法包括更换填料、提高出水管阻力以减小流量。

参 考 文 献

[1] 杜守建,周长勇. 水利工程技术管理[M]. 郑州:黄河水利出版社,2013.

[2] 杜守建,汪文萍,侯新. 水利工程管理[M]. 2版. 郑州:黄河水利出版社,2019.

[3] 田明武,李娜. 水利工程管理[M]. 北京:中国水利水电出版社,2013.

[4] 郑万勇,杨振华. 水工建筑物[M]. 郑州:黄河水利出版社,2003.

[5] 梅孝威. 水利工程管理[M]. 北京:中国水利水电出版社,2005.

[6] 陈良堤. 水利工程管理[M]. 2版. 北京:中国水利水电出版社,2006.

[7] 胡昱玲,毕守一. 水工建筑物监测与维护[M]. 北京:中国水利水电出版社,2010.

[8] 中华人民共和国水利部. 土石坝安全监测技术规范:SL 551—2012[S]. 北京:中国水利水电出版社,2012.

[9] 国家能源局. 土石坝安全监测技术规范:DL/T 5259—2010[S]. 北京:中国电力出版社,2011.

[10] 国家能源局. 土石坝安全监测资料整编规程:DL/T 5256—2010[S]. 北京:中国电力出版社,2011.

[11] 中华人民共和国水利部. 混凝土坝安全监测技术规范:SL 601—2013[S]. 北京:中国水利水电出版社,2013.